本研究得到中央高校基本科研业务费专项资金资助项目（
学科研启动金项目（AE89991）的资助。

# "得寸进尺"还是"适可而止"：对冒犯者得到宽恕以后行为的研究

张 田 ◇ 著

**中国出版集团**

世界图书出版公司

广州·上海·西安·北京

图书在版编目（CIP）数据

"得寸进尺"还是"适可而止"：对冒犯者得到宽
恕以后行为的研究 / 张田著 . —广州 : 世界图书出版
广东有限公司 , 2016.9（2025.1重印）

ISBN 978-7-5192-1796-9

Ⅰ.①得… Ⅱ.①张… Ⅲ.①行为主义—心理学—研
究 Ⅳ.① B84-063

中国版本图书馆 CIP 数据核字 (2016) 第 204424 号

# "得寸进尺"还是"适可而止"：
# 对冒犯者得到宽恕以后行为的研究

| | |
|---|---|
| 责任编辑 | 张梦婕 |
| 封面设计 | 楚芊沅 |
| 出版发行 | 世界图书出版广东有限公司 |
| 地　址 | 广州市新港西路大江冲 25 号 |
| 印　刷 | 悦读天下（山东）印务有限公司 |
| 规　格 | 787mm×1092mm　1/16 |
| 印　张 | 13.375 |
| 字　数 | 180 千字 |
| 版　次 | 2016 年 9 月第 1 版　2025 年 1 月第 2 次印刷 |

ISBN 978-7-5192-1796-9/B · 0150

定　价　58.00 元

# 《中国当代心理科学文库》
# 编委会

## （按姓氏笔画排序）

# 序一

能够为这本书写序是一件非常愉快的事情。虽然作者曾经跟随我攻读博士学位，不过，在这本书中如果有啧啧称道之处，全都是源自于我对作者研究工作诚恳嘉许的内心自然流露。所谓"青出于蓝而胜于蓝"，不只是过去，现在和将来都是真理。其实生活就是不断超越，现在的后生远不只是曾经的自己。整本书的字里行间流淌着一种为了学术的目标认真学习、孜孜不倦追求的热情。

言归正传，还是回到对于这本书的主题上。宽恕这个概念在大多数人的心目中很容易被理解成为一个宗教的主题，的确它也是与宗教，特别是西方宗教文化存在着深厚渊源。但是，作为一种人际交往策略，宽恕并不仅仅是宗教特有的现象。人们在日常生活中需要不断面对各种冲突与和解的问题，宽恕就是一个很好化解冲突的策略。关于这个问题我曾经在多个文献中谈论过。这些年，学术界对于宽恕话题研究的热情越来越高，究其原因，与社会精神文明需求的日益提升密切相关。

也许正是因为它与宗教紧密关联，导致宽恕研究与其他大多数心理学研究比较，在学术上起步要晚得多，即便在西方也只是从上个世纪 70 年代才逐渐开始被人们注意到。最初的宽恕研究大多数只是集中在对于宽恕概念、宽恕的文化属性、宽恕与个体人格结构的关系、宽恕测量与评价以及各种可能影响宽恕行为的因素等方面，在这个阶段的研究者大多数还只是在做一些比较基础性的研究工作。当然，这些研究也为后续宽恕研究奠定了很好的基础。随着研究的深入，近年来，研究者们在既往研究的基础上，开始更多地探讨其中的一些相互作用机制问题，譬如冒犯者与被冒犯者的自我调节机制、冒犯者在获得宽恕后的后续行为等。厘清这些问题，可以更加有效地把宽恕策略运用于实际人际冲突化解的应用研究中，这是一个值得嘉许的进步。

这本书虽然重点探讨了宽恕作用于冒犯者的后续行为效果问题，但是，作者比较细腻清晰的文字表达方式，令读者可以从书中的几个相互关联的研究中很容易看出一个冒犯者的详细心理变化过程，并从中领会到宽恕的实际作用机制，无论是专业研究者或是一般读者都可以从中获得很好的启迪。从本书展现的四个研究中，我们不仅可以看到一些传统的宽恕研究范式，而且，作者还向我们展现了新近出现的囚徒困境范式是如何运用于宽恕相关问题研究的，拓展了宽恕相关研究的方法基础。

"冒犯者在得到宽恕后还会不会继续伤害？"这其实是一个很难绝对回答"是"或"否"的问题，即便从本书的几个研究中基本可以看出宽恕可以令冒犯者的后续行为更为积极正向，但是，并不表示冒犯行为就会完全消失。不过，积极的理解是宽恕无论在道德抑或是科学上都值得提倡的，是一种符合积极人性导向的科学研究方法论。所以，这项研究是可以帮助人类进步的可持续研究项目。

说到这里，我不禁想说一句可能让人觉得带有一点点煽动意味的话：在如今人们更加注重商品和物质的时代中，希望能够借助更多一些具有积极心理导向的研究成果，让它们能影响更多的人去关心那些具有"正能量"的问题。衷心希望宽恕研究能够为国家社会文明进步贡献力量，它不只是小小的学术课题，也是可能影响全社会的大问题。

愿道德行天下！

傅　宏

2016 初春于金陵

**傅宏，南京师范大学心理学院院长，教授，博士生导师。**

# 序二

　　近日，张田邀我为其即将出版的新书《"得寸进尺"还是"适可而止"：对冒犯者得到宽恕以后行为的研究》作序，深感欣悦。张田是我的学生，曾于2009 ~ 2012年在上海师范大学心理学系攻读硕士学位。在读期间，张田就开始致力于宽恕的心理学研究，并有多篇该领域的论文发表于国内权威心理学期刊，待毕业时，其有关宽恕的研究已小有成就。取得学位后，张田又师从国内宽恕心理学研究的权威——南京师范大学傅宏教授，继续从事相关的研究，其间科研成果丰硕，也得到了国内外专家的认可。得知其有关宽恕的新作即将出版，在欣慰之余，我也欣然为其新著作序。

　　所谓"序"者，应当是对这本书的介绍与评价，正如南朝时的刘勰在其所著的《文心雕龙》中所言："序以建言，首引情本。"当然，对于一本好书而言，介绍和评价自然也就成了对这本书的推荐。通读张田的书稿，书中的一系列研究，至少在以下几个方面是值得向读者以及相关领域的研究者推荐的。

　　其一，研究内容值得推荐。书中所涉及的一系列研究主要关注的是冒犯者得到宽恕以后的行为，即书中所说的可能会出现"得寸进尺"，抑或"适可而止"的行为。"得寸进尺"和"适可而止"是一对矛盾，而这一对矛盾无论是在学术文献中，还是在日常生活中，都已引起了研究者的高度重视。在学术文献中，有研究显示，冒犯者在得到被冒犯者的宽恕后，会选择再次伤害对方，即"得寸进尺"；然而，亦有研究发现，冒犯者面对被冒犯者的宽恕，通常不会再去伤害被冒犯者，即"适可而止"。同样地，在日常生活中，有的冒犯者在得到被冒犯者的宽恕后，会心存愧疚，不但不会再伤害对方，甚至会努力补偿对方；然而，也有人在得到他人的宽恕后会想"对方是不是怕我了？""对方真好欺负！"等，因此当遇到同样情况的时候会选择再次侵犯对方。因此，就研究内容而言，张田的这一系列研究，其目的就在于澄清这一对矛盾，而从研究结果来看，他的研究也确实做到了这一点。对于在"得寸进尺"和"适可而止"之间，冒犯者在得到宽恕后会如何选择，为何这样选择，这样选择的行为机制又是什么等问题做出了初步的解释。

其二，研究方法值得推荐。翻阅以往宽恕领域的心理学研究就不难发现，前人在对宽恕进行心理学研究时，多采用心理测量的方法，即通过心理问卷或量表对个体的宽恕特质、宽恕倾向等进行测量，进而分析人们的宽恕心理。然而，一方面，问卷研究本身尚存在一些局限之处，例如问卷研究不利于因果关系的推论，得到的结果说服力尚显不足。正如宽恕研究者 Wallace 所指出的，研究方法上的局限毫无疑问地阻碍了我们（对宽恕）的探索（methodological challenges have undoubtedly discouraged exploration）。另一方面，国内心理学研究中滥用、滥编问卷的现象也越来越多，有些研究者甚至放着已有的成熟问卷不用，在没有严格按照问卷编制程序操作的情况下"为编问卷而编问卷"，这也导致了宽恕研究的可信度不断下降。也许正是出于这样的考虑，张田在研究中采用了实验的方法，通过经典的囚徒困境博弈范式探讨了宽恕的问题，这种在方法学上的有益尝试，在研究方法层面为宽恕的心理学研究提供了可行的思路。

其三，应用价值值得推荐。纵览近半个世纪以来的宽恕研究不难发现，绝大多数研究发现宽恕对于被冒犯者的生理和心理都有着积极的作用，例如改善心血管功能、提高生活幸福感等。正因如此，早在上世纪 70 年代，就有学者开始将宽恕运用到心理咨询与治疗的实践中，到了上世纪 80 年代末 90 年代初，大量关于宽恕干预的文章开始出现在主流杂志上。然而，宽恕干预在实践中被越来越多地使用的同时，对于该方法的一些误区仍然存在。对于这些误区的澄清，张田曾经在我的指导下，在《心理科学进展》杂志上发表过一篇名为《宽恕干预中的几个误区及其应用展望》的论文，文中提到了一个典型的误区就是，有人认为宽恕必定会导致被冒犯者受到冒犯者的进一步伤害。在那篇文章中，张田从不同的角度对该误区进行了澄清。而后张田进一步的一系列研究，又再次验证了当时的论断，即在得到被冒犯者的宽恕后，冒犯者通常不会倾向于再次伤害被冒犯者。这也有力地打消了来访者诸如"我宽恕他，他再伤害我怎么办？"的顾虑，为宽恕干预的实施提供了有力的实验支撑。

在现实生活中，人与人之间的冲突常常难以避免，在面对冲突与伤害时，我们应如何抉择？是宽恕还是报复？我想，把报复作为应对伤害的首要选择甚至是唯一选择，显然是不理智也是不明智的。因而宽恕——至少从道德层面而言——是人们应对伤害时应该考虑的选择。本书的研究结论清楚地告诉人们，宽恕不仅有利于宽恕者自身的身心健康（这是近半个世纪以来绝大多数宽恕研究的共识），也能够大大降低宽恕者再次受到伤害的概率。因此本书为人们选择宽恕、选择美德提供了直接的行为依据。

当然，探索冒犯者得到宽恕以后的行为是一个系统的工程，正如 Wallace 所言，这是被宽恕研究者们定义为未解的，同时也是极为重要的一项课题（an underexplored question identified as "critical" by forgiveness scholars），不是几个研究，甚至不是几本书能够完全讲清楚的。尽管如此，瑕不掩瑜，书中滋味，还需各位读者细细品味。

傅安球

2016 年 3 月 19 日于上海

**傅安球，上海师范大学心理学系教授，国务院特殊津贴享受者。**

摘 要

  本研究主要探讨的是在人际伤害中，冒犯者得到宽恕以后的行为。以往的研究对此有着不同的看法，有研究认为，冒犯者在得到宽恕后会再次伤害对方；也有研究认为，冒犯者在得到宽恕后不会再次伤害对方。针对该问题，本研究通过四个分研究，尝试对该矛盾加以澄清。

  研究一通过质性研究中的访谈法，研究冒犯者得到宽恕以后行为的影响因素，为后续的研究提供变量依据。研究通过对访谈对象的筛选、进行访谈以及对访谈资料进行整理和分析后，结果显示，在冒犯者得到宽恕以后，双方关系、报复的可能性、伤害的意图以及冒犯者的人格特质是可能影响其行为的因素。

  研究二分成五个分研究：研究 a、b、c、d 在研究一的基础上，将双方关系、报复的可能性、伤害的意图以及人格特质作为研究变量，考察冒犯者得到宽恕以后的行为。研究 e 基于真实情景的回忆，考察被试在真实情境中得到宽恕后的行为。其中，研究 a、b、c 分别将双方关系、报复的可能性和伤害的意图作为实验变量，与得到宽恕与否形成三个 2×2 的混合设计，并通过囚徒困境范式来研究不同变量的影响；研究 d 同样通过囚徒困境的范式考察人格特质的影响，但是与实验 a、b、c 不同，实验 d 的囚徒困境范式的抉择由被试想象选择，而非真实的博弈；研究 e 考虑到研究 a、b、c、d 在外部效度上可能的不足，故在研究中让被试回忆生活中曾经伤害过他人的事件，以此来考察作为冒犯者的被试在真实情境中得到宽恕以后的行为。研究二得出以下结论：（1）总体而言，冒犯者在得到宽恕以后，更倾向于不再伤害对方，相反在没有得到宽恕时，更倾向于再次伤害对方；（2）当被冒犯者是熟悉的人时，冒犯者善待对方的倾向更明显；（3）当被冒犯者有报复自己的可能性时，冒犯者善待对方的倾向更明显；（4）当冒犯者是无意伤害对方时，无论得到宽恕与否，其都倾向于不再伤害对方；（5）大五人格中的宜人性特质和特质性感恩是影响冒犯者得到宽恕以后行为的人格特质；（6）在真实情境中，随着得到宽恕程度的提高，冒犯者善待对方的倾向也更明显。

　　研究三在研究二的基础上，进一步考察冒犯者在得到宽恕后不再伤害被冒犯者的动机是什么，是善待宽恕者，还是报复非宽恕者？通过对研究二中实验的改动，同样运用囚徒困境的博弈范式，研究三考察了冒犯者得到或者没有得到，或者不确定是否得到被冒犯者的宽恕其行为变化的动机。结果显示，当得到被冒犯者的宽恕后，冒犯者善待被冒犯者的程度要显著高于没有或不确定是否得到宽恕时。换句话说，无论是没有得到对方的宽恕，还是不确定是否得到对方的宽恕，冒犯者都倾向于再次伤害对方，而只有当冒犯者确定自己得到对方的宽恕时，他才会停止对被冒犯者的再次伤害。即冒犯者得到宽恕以后的行为动机是"善待宽恕者"，而非"报复非宽恕者"。

　　研究四考察的是冒犯者得到宽恕以后行为的机制，即从得到宽恕（或没有得到宽恕）开始，到最终做出行为反应，这之间经历了哪些变化。通过问卷研究，研究四发现，在宽恕与否对宽恕后行为的影响中，针对该情境而产生的内疚体验是中介变量，即得到宽恕的程度首先影响着个体由此而产生的内疚程度，而内疚会进一步影响个体之后的行为。具体而言就是内疚的程度越高，个体在此后善待被冒犯者的程度也越高。此外，该中介效应的前、后以及直接路径还受到共情能力的调节作用，具体而言：（1）在前半路径中，在共情能力较高的群体中，随着得到宽恕程度的提高，其内疚的程度也在提高，相反地。在共情能力较低的群体中，随着得到宽恕程度的提高，被试内疚程度的变化并不明显，甚至有所下降；（2）在后半路径中，在共情能力较高的群体中，随着内疚程度的提高，其善待被冒犯者的程度也在提高，相反地。在共情能力较低的群体中，随着内疚程度的提高，被试善待被冒犯者的程度变化并不明显；（3）在直接路径中，在共情能力较高的群体中，随着得到宽恕程度的提高，被试善待被冒犯者的程度也在提高。而在共情能力较低的群体中，随着得到宽恕程度的提高，被试善待被冒犯者的程度变化并不明显，甚至有所下降。简言之，冒犯者得到宽恕以后行为的机制是一个有调节的中介效应。

总结而言，本研究以囚徒困境的博弈实验为主体，结合质性研究、问卷研究的方法，对冒犯者得到宽恕后的行为进行了研究。就内容层面而言，本研究发现，冒犯者在得到被冒犯者的宽恕后，更倾向于不再伤害对方，对以往研究中存在的矛盾做了初步的澄清和解释；就方法层面而言，本研究以囚徒困境的博弈范式为基础，在国内首次运用实验研究的方法对宽恕进行了研究，为今后的宽恕研究提供了可能的研究方法和思路。

目 录

# 第1章 文献综述 ……………………………… 1

## 1.1 宽恕的概念及界定 ………………………… 1
### 1.1.1 不同视角下的宽恕概念 ………………… 1
### 1.1.2 宽恕的模型 ………………………………… 6
## 1.2 对于宽恕后行为的研究 ……………………… 12
### 1.2.1 对于宽恕结果的分类 …………………… 12
### 1.2.2 从冒犯者的行为层面对宽恕结果的研究 …… 14
### 1.2.3 两组结论相反的例子 …………………… 18
## 1.3 影响宽恕的因素 ……………………………… 21
### 1.3.1 人格因素 …………………………………… 22
### 1.3.2 移情能力 …………………………………… 22
### 1.3.3 人际关系 …………………………………… 23
### 1.3.4 文化因素 …………………………………… 23
### 1.3.5 其他因素 …………………………………… 24
## 1.4 宽恕研究的主要方法及局限之处 …………… 25
### 1.4.1 宽恕研究的主要方法 …………………… 25
### 1.4.2 以往研究方法的局限之处 ……………… 25

1.4.3 针对局限之处的改进方法 ·················· 27

1.4.4 对于宽恕实验范式的思考 ·················· 28

**1.5 博弈理论在心理学研究中的运用** ·············· 31

1.5.1 整合范式的不足和缺陷 ···················· 31

1.5.2 博弈范式在心理学研究中的运用 ············ 31

1.5.3 囚徒困境范式在宽恕研究中的运用 ·········· 32

**第2章 问题提出** ·························· **37**

**2.1 已有研究存在的问题** ···················· 37

2.1.1 研究内容方面存在的问题 ·················· 37

2.1.2 研究方法方面存在的问题 ·················· 39

**2.2 本研究拟考察的问题及研究假设** ············ 40

**2.3 研究意义** ···························· 41

**2.4 研究思路** ···························· 41

**第3章 研究一：冒犯者得到宽恕以后行为的影响因素研究 43**

**3.1 引言** ································ 43

**3.2 研究方法** ···························· 44

3.2.1 研究方法 ···························· 44

3.2.2 研究对象的抽样与选择 ·················· 45

3.2.3 研究工具 ···························· 46

3.2.4 研究过程 ···························· 47

3.2.5 资料的整理与分析 ······················ 48

**3.3 研究结果** ···························· 49

3.3.1 对于访谈的总体描述 ···················· 49

3.3.2 得到宽恕后行为影响因素类属的划分 ········ 50

3.3.3 具体类属的分析 ······················ 50

3.3.4 研究的效度分析 ······················ 52

3.4 讨论 ···················································· 53

    3.4.1 对于影响因素的归纳 ························· 53

    3.4.2 研究的推论性 ······························· 55

    3.4.3 关于伦理因素的考虑 ························· 55

    3.4.4 可能影响效度的因素及控制方法 ··········· 56

## 第4章 研究二：冒犯者得到宽恕以后行为的研究 ··· 58

4.1 引言 ···················································· 58

    4.1.1 直接研究的矛盾之处及分析 ················· 58

    4.1.2 间接研究的矛盾之处及分析 ················· 60

    4.1.3 本研究的设计 ······························· 61

4.2 预实验 ·················································· 62

    4.2.1 方法 ········································· 63

    4.2.2 预实验发现的问题及改进方法 ··············· 66

    4.2.3 完善后的总实验程序 ······················· 68

4.3 实验研究 a：双方关系对冒犯者受到宽恕后行为的影响 69

    4.3.1 方法 ········································· 69

    4.3.2 结果 ········································· 72

    4.3.3 讨论 ········································· 75

4.4 实验研究 b：报复的可能性对冒犯者受到宽恕后行为的影响 76

    4.4.1 方法 ········································· 76

    4.4.2 结果 ········································· 79

    4.4.3 讨论 ········································· 81

4.5 实验研究 c：伤害意图对冒犯者受到宽恕后行为的影响 ········ 82

    4.5.1 方法 ········································· 82

    4.5.2 结果 ········································· 84

    4.5.3 讨论 ········································· 87

4.6 问卷研究 d：人格因素对冒犯者受到宽恕后行为的影响‥‥‥‥ 87

 4.6.1 方法 ‥‥‥‥‥‥‥‥‥‥‥‥‥‥‥‥‥‥‥‥‥‥ 87

 4.6.2 结果 ‥‥‥‥‥‥‥‥‥‥‥‥‥‥‥‥‥‥‥‥‥‥ 90

 4.6.3 讨论 ‥‥‥‥‥‥‥‥‥‥‥‥‥‥‥‥‥‥‥‥‥‥ 94

4.7 研究 e：基于真实情境回忆的研究 ‥‥‥‥‥‥‥‥‥‥‥‥ 95

 4.7.1 方法 ‥‥‥‥‥‥‥‥‥‥‥‥‥‥‥‥‥‥‥‥‥‥ 96

 4.7.2 结果 ‥‥‥‥‥‥‥‥‥‥‥‥‥‥‥‥‥‥‥‥‥‥ 97

 4.7.3 讨论 ‥‥‥‥‥‥‥‥‥‥‥‥‥‥‥‥‥‥‥‥‥‥ 100

4.8 研究二的总讨论 ‥‥‥‥‥‥‥‥‥‥‥‥‥‥‥‥‥‥‥‥ 100

4.9 结论 ‥‥‥‥‥‥‥‥‥‥‥‥‥‥‥‥‥‥‥‥‥‥‥‥‥ 102

第5章 研究三：冒犯者得到宽恕以后行为动机的研究‥‥ 103

5.1 引言 ‥‥‥‥‥‥‥‥‥‥‥‥‥‥‥‥‥‥‥‥‥‥‥‥‥ 103

5.2 方法 ‥‥‥‥‥‥‥‥‥‥‥‥‥‥‥‥‥‥‥‥‥‥‥‥‥ 106

 5.2.1 实验程序 ‥‥‥‥‥‥‥‥‥‥‥‥‥‥‥‥‥‥‥‥ 106

 5.2.2 被试 ‥‥‥‥‥‥‥‥‥‥‥‥‥‥‥‥‥‥‥‥‥‥ 108

 5.2.3 研究工具 ‥‥‥‥‥‥‥‥‥‥‥‥‥‥‥‥‥‥‥‥ 110

5.3 结果 ‥‥‥‥‥‥‥‥‥‥‥‥‥‥‥‥‥‥‥‥‥‥‥‥‥ 111

 5.3.1 答题题目的筛选、编排与难度分析 ‥‥‥‥‥‥‥‥‥ 111

 5.3.2 宽恕变量操纵的有效性分析 ‥‥‥‥‥‥‥‥‥‥‥‥ 111

 5.3.3 卡方检验的结果 ‥‥‥‥‥‥‥‥‥‥‥‥‥‥‥‥‥ 112

 5.3.4 方差分析的结果 ‥‥‥‥‥‥‥‥‥‥‥‥‥‥‥‥‥ 113

 5.3.5 对控制变量的分析：协方差分析的结果 ‥‥‥‥‥‥ 115

5.4 讨论 ‥‥‥‥‥‥‥‥‥‥‥‥‥‥‥‥‥‥‥‥‥‥‥‥‥ 115

第6章 研究四：冒犯者得到宽恕以后行为机制的研究‥‥ 117

6.1 引言 ‥‥‥‥‥‥‥‥‥‥‥‥‥‥‥‥‥‥‥‥‥‥‥‥‥ 117

6.2 方法 ···················· 122

　6.2.1 研究对象 ················ 122

　6.2.2 研究工具 ················ 123

　6.2.3 研究程序 ················ 126

6.3 结果 ···················· 126

　6.3.1 宽恕判断与宽恕知觉评价的一致性 ····· 126

　6.3.2 情境性内疚和特质性内疚的一致性 ····· 127

　6.3.3 描述性统计的结果 ············ 127

　6.3.4 各变量之间的相关 ············ 127

　6.3.5 得到宽恕的程度对宽恕后行为的影响 ··· 128

　6.3.6 中介作用的分析 ············· 128

　6.3.7 调节作用的分析 ············· 129

　6.3.8 有调节的中介效应的检验 ········· 130

6.4 讨论 ···················· 135

　6.4.1 研究的总体发现 ············· 135

　6.4.2 得到宽恕的程度对宽恕后行为的影响 ··· 136

　6.4.3 中介效应的分析 ············· 136

　6.4.4 调节效应的分析 ············· 137

# 第7章　总讨论与结论 ············· 140

7.1 研究的整体概况 ············ 140

7.2 研究的主要结论及分析 ········ 142

7.3 对以往矛盾之处的分析 ········ 146

　7.3.1 不同研究对宽恕与和解的关系认识不一致 ··· 146

　7.3.2 不同研究对自我宽恕的理论认识不一致 ··· 148

　7.3.3 不同研究对双方人际互动的认识不一致 ··· 148

7.4 对人际互动的启示 ·········· 149

7.5 研究的主要突破和创新之处 ····· 150

    7.5.1　方法学层面的创新与突破 ┈┈┈┈┈┈┈┈┈┈ 150

    7.5.2　研究内容层面的创新与突破 ┈┈┈┈┈┈┈┈┈ 151

  **7.6　本研究的局限之处与展望** ┈┈┈┈┈┈┈┈┈┈┈ 151

**参 考 文 献** ┈┈┈┈┈┈┈┈┈┈┈┈┈┈┈┈┈┈┈┈┈ **154**

**附　录** ┈┈┈┈┈┈┈┈┈┈┈┈┈┈┈┈┈┈┈┈┈┈┈ **173**

  附录1：研究一的访谈提纲 ┈┈┈┈┈┈┈┈┈┈┈┈ 173

  附录2：研究一的受访者信息收集表 ┈┈┈┈┈┈┈ 174

  附录3：研究一的受访者《知情同意书》 ┈┈┈┈┈ 175

  附录4：研究二中答题游戏的题目 ┈┈┈┈┈┈┈┈ 176

  附录5：研究二中博弈选择卡片 ┈┈┈┈┈┈┈┈┈ 179

  附录6：50道题版本的大五人格问卷

      （50–Item Set of IPIP Big–Five Factor Markers）┈┈┈ 182

  附录7：感恩问卷（The Gratitude Questionnaire 6，GQ–6）┈┈ 184

  附录8：研究三中博弈选择卡片 ┈┈┈┈┈┈┈┈┈ 185

  附录9：内疚和羞愧倾向量表

      （Guilt and Shame Proneness Scale，GASP）┈┈┈┈┈ 186

  附录10：基本共情量表（Basic Empathy Scale，BES）┈┈┈ 191

**后　记** ┈┈┈┈┈┈┈┈┈┈┈┈┈┈┈┈┈┈┈┈┈┈ **192**

# 第1章　文献综述

## 1.1　宽恕的概念及界定

### 1.1.1　不同视角下的宽恕概念

#### 1.1.1.1　宗教视角下的宽恕概念

宽恕这一概念有着深深的宗教文化根源（Fu，2005），尽管对于宽恕的心理学研究始于二十世纪三十年代，但世界各大宗教的教义对于宽恕的阐述已有了上千年的历史。正如Hope（1987）所说，"宽恕这一概念深深地根植于我们犹太教和基督教的文化中，以至于我们甚至都没有发现这一点（Forgiveness is a concept deeply embedded in our Judeo-Christian culture，so fundamental that it is little noticed in the background of our awareness）"。其实，不仅是犹太教和基督教文化中有着关于宽恕的阐述，在世界其他几个宗教的教义中也都有关于宽恕的阐述，例如伊斯兰教、佛教等。正是由于宽恕这一概念深深地根植于宗教文化之中，因此有必要从不同宗教出发，对宽恕的内涵加以阐述。

### （1）犹太教文化中的宽恕

犹太教是最早对宽恕进行阐述的宗教，在希伯来文的犹太教典籍中，经常被用来表示"宽恕"含义的词是 mehillah 和 selihah，其中前者指的是去除受到的伤害，而在《圣经》中，后者往往指的是与冒犯者和解。

犹太教的《圣经》就常常鼓励人们学会宽恕。例如，《圣经·马太福音》第 18 章第 22 节记载了这样的故事：当彼得进来问耶稣，"我兄弟得罪我，我当饶恕他几次呢？到七次可以吗？"耶稣说，"我对你说，不是到七次，乃是到七十个七次"。又如约瑟对于其兄弟的宽恕。[①]

此外，犹太教的教徒也认为，宽恕不仅是自己应该的行为，更是上帝的旨意，例如《圣经·利未记》中就有这样的表述："不应该对周围的人满怀怨恨或伺机报复，你应该像爱你自己一样去爱周围的人（You should not take vengeance or bear a grudge against your neighbor. Love your neighbor as yourself）"。

宽恕对于犹太教而言是极为重要的一条教义，甚至有学者认为，宽恕是犹太教教义中最为核心的一点（Rye, Pargament, Ali, & Beck, 2000），因为在犹太教所有的节日之中，赎罪日（the Day of Atonement）是最为重要、最为神圣的一天，在这一天，虔诚的犹太教教徒要不吃、不喝、不工作，并前往犹太教教堂祈祷，以祈求赎回他们在过去一年中所犯下的罪过，祈求得到受害者的宽恕。因为犹太教教徒认为，只有得到了受害者的宽恕，他们才能最终得到上帝的宽恕。

然而，在犹太教的文化中，宽恕也并不是无条件的，而是基于 teshuvah 的过程。teshuvah 来源于希伯来语的犹太教典籍，其大体意思是"弥补、补偿"。有学者总结了 teshuvah 过程的具体内容，主要包含以下几点：意识到自己做错了事情；向上帝和受害者表示歉意和懊悔；公开忏悔；向受害者保

---

① 这里对应的是《圣经·创世纪》上的一段故事：约瑟是雅各与拉结所生之子，因聪颖得其父偏爱而遭众弟兄嫉恨，众兄将其卖掉，后被带到埃及。因给埃及法老释梦得到重用，被任为宰相。任职期间埃及仓满粮足。后因其故乡迦南遇饥荒，与前来埃及买粮的弟兄相认并宽恕了他们。

证不再如此；向受害者做出补偿；真诚地向上帝和受害者祈求宽恕；避免再次触发同样的伤害情境；在同样情况下做出不一样的行为（指不再伤害他人）（Rye, Pargament, Ali, & Beck, 2000）。尽管也有犹太教教徒在冒犯者没有忏悔、道歉和祈求宽恕的情况下依然会出于仁善之心宽恕对方，但总的说来，teshuvah 过程是犹太教文化中宽恕的前提。

**（2）基督教文化中的宽恕**

在基督教文化中，宽恕暗含了上帝与罪恶者之间关系的恢复。基督教的教义认为，人生下来就犯有原罪，所以人们需要不断地做好事，只有这样才能赎罪，进而才能在死后进入天堂，因此在生活中需要宽恕和爱所有的人，甚至包括自己的敌人。在基督教的《新约全书》中，最常被用来阐述宽恕含义的词是 eleao 和 aphiemi，其中前者指的是表现出宽容之心，后者指的是释怀、放下怨恨。

与犹太教文化一样，宽恕在基督教文化中也是一条重要，甚至是核心的教义。然而和犹太教强调 teshuvah 过程不一样，基督教文化认为宽恕应该是无条件的接纳和关爱，而不一定要基于冒犯者的懊悔、道歉和补偿等（《圣经·路加》）。例如《新约全书》记载了这样一个故事：一个败家子花光了祖辈的积蓄，走投无路之时只能灰头土脸地返回家乡，尽管很多人都指责他的行为，然而他的父亲也是无条件地接纳了这个浪子。

**（3）佛教文化中的宽恕**

与西方的基督教、犹太教文化相对应，东方的佛教文化中也涉及宽恕的阐述。例如宽恕研究的先驱罗伯特·恩莱特（Robert D. Enright）在其著作《宽恕是一种选择》（Forgiveness Is A Choice）中记录了他看到的一则佛教故事，故事说的是一位僧人遭到了一位国王的毒打迫害，仍然坚持无条件地接纳该国王及其臣民。然而，学者们翻遍佛教文献，却很难找到一个合适的、固定的佛教术语来表示宽恕的意思。

可见，对于成长于宗教地区的人而言，宽恕往往也是和道德联系在一起的，他们将宽恕看成是自己所必须遵从的宗教教义，缺乏宽恕就意味着缺乏道德，这与传统心理治疗理论中反对"应该"和"必须"倾向的思想是相违背的。

### 1.1.1.2 中国文化视角下的宽恕概念

此外，中国古代也有对宽恕的论述。"宽"，由古字▨演变而来，指的是门宽大，可容人通过。按照《说文解字》的解释，"宽"指的是"屋宽大也"。古代文学作品中，"宽"也常被提及：《诗·卫风·淇奥》有云，"古语有言，宽兮绰兮"；《易·文》中提到，"言宽以居之"；《汉书·吴王刘濞传》中说，"文帝宽，不忍罚"；《史记·廉颇蔺相如列传》中对"宽"的论述是，"不知将军宽之至此也"；贾谊在《过秦论》中提到，"宽厚而爱人"。可见，"宽"也可引申为表示人的心胸宽广、仁慈（罗春明，黄希庭，2004）。

"恕"，由古字▨演变而来，按照《说文解字》的解释，"恕"指的是"忍也，从心如声"。《论语·卫灵公》记录了孔子对于"恕"的见解，子贡问曰，有一言而可以终身行之者乎？子曰，其恕乎，己所不欲，勿施于人。可见，孔子认为恕是推己及人，把他人与自己看成是同等的、平等的，把他人当作自己一样对待，是自我与他人间的一种善意的共存意识。此外，孔子还提出"忠恕之道"的思想，把"忠"与"恕"相联系，因此，"恕"也被作为儒家思想的特征之一（儒家思想的特征主要体现为"仁""义""礼""智""信""恕""忠""孝""悌"）。除了孔子，中国古代文人也对"恕"做出了自己的解释：《孟子》提到，"彊恕而行，求仁莫近焉"；《声类》认为"以心度物曰恕"；《贾子道术》有曰，"以己量人谓之恕"；《墨子经上》中提到，"恕，明也"；《礼记·中庸》认为，"忠恕违道不远"，都是将"恕"解释为"恕道，体谅"。此外，也有古典文学作品将"恕"作为"饶恕，宽恕"的意思，例如《战国策·赵策》中提到，"老臣病足，曾不能疾走，不得见久矣，窃自恕而恐太后玉体之有所郄也，故愿望见太后"。王安石在《答司马谏议书》中说，"故今具道所以，冀君实或见恕也"。

对于将"宽"和"恕"合并使用也古已有之。有将宽恕解释为"宽大仁恕"之意的，例如《汉书·酷吏传·严延年》有云："时黄霸在颍川，以宽恕为治，郡中亦平，娄蒙丰年，凤凰下，上贤焉，下诏称扬其行，加金爵之赏。"《魏书·序纪·文帝》中提道："始祖与邻国交接，笃信推诚，不为倚伏以要一时之利，宽恕任真，而遐迩归仰。"昭连在《啸亭杂录·先悼王善六合枪》中提道："阔怀大度，抚僚属以宽恕，喜人读书应试，人皆深感其惠。"也有将宽恕解释为"饶恕，原谅"之意的，例如《隋书·东夷传·高丽》曰："盖当由朕训导不明，王之愆违，一已宽恕，今日以后，必须改革。"苏轼在《与郭功父书》一文中提道："辱访临，感怍，独以忽遽为恨，迫行不往谢，惟宽恕，乍热万万自重。"

在现代作品中，文学家巴金在《春天里的秋天》里说："我应该感激她，应该宽恕她，虽然她在别的时候说了谎。"鲁迅在《风筝》里提道："我也知道还有一个补过的方法的：去讨他的宽恕，等他说，我可是毫不怪你呵。那么，我的心一定就轻松了，这确是一个可行的方法。"胡适在其作品《我的母亲》里说："如果我能宽恕人，体谅人——我都得感谢我的慈母。"此外，在《现代汉语词典》中，宽恕指宽容饶恕，其中宽容指宽大能容人、有气量；饶恕则指免予责备或惩罚。

可见，在中国古典与现代的文学作品中，宽恕大体可分为两种解释：一种是对于人格特征的解释，即具有宽以待人的人格特征；另一种是对于行为的解释，即在受到伤害后原谅和饶恕侵犯者的行为。

### 1.1.1.3 心理学视角下的宽恕概念

心理学家则从心理学的角度出发对宽恕进行界定。对于宽恕的心理学研究始于皮亚杰等人在道德领域的研究（傅宏，2002）。随着宽恕研究的深入，North从情感和认知两方面出发，对宽恕做出了一个较为正式的定义，他认为宽恕是受害者克服了对冒犯者的消极情感和判断，并用同情、仁慈、关爱等积极的方式对待冒犯者的过程。之后，Enright，Gassin和Wu（1992）在North定义的基础上增加了行为的维度，并对宽恕再次做出了定义，他们指出，宽恕是受害者在受到不公正的伤害后，放弃对冒犯者消极的情绪、判断和行为，取而代之的是积极的情绪、判断和行为。在该定义中，情感方面指的是，受害者对冒犯者的消极情感体验的降低和中性甚至是积极情感体验的增加；

认知方面指的是，受害者不再责怪冒犯者或放弃报复的念头；行为方面指的是受害者放弃报复行动等消极的行为方式。另一个被普遍接受的关于宽恕的定义来自于 McCullough（2000），他认为宽恕是发生在两个及以上的个体间的，冒犯行为以后被冒犯者对冒犯者的亲社会动机的转变，在这一转变过程中，报复、回避、疏远冒犯者的动机在降低，而善待冒犯者的动机在增强。之后，McCullough 又对宽恕的概念做了进一步的解释，他指出，宽恕不是动机，只是动机的变化过程，是被冒犯者亲社会动机的转变，在这一过程中，积极的行为方式取代了消极的行为方式，而这一过程需要以被冒犯者对冒犯者的共情为基础（McCullough，2001；McCullough，Bellah，Kilpatrick，& Johnson，2001）。傅宏（2004）将这一过程概括为受害者报复和逃避动机的逐渐降低，和建设性动机的逐渐增加。

无论这两种定义有何区别，它们都强调了宽恕的一个本质特征，即变化的过程，如 Enright 的定义强调情绪、判断和行为的变化，而 McCullough 的定义强调动机的变化，Worthington（2005）在其所著的《宽恕手册》（Handbook of Forgiveness）中总结了有关宽恕的定义，结果发现超过 30 名学者对宽恕做出了类似的定义，正如 Pargament，McCullough 和 Thoresen（2000）的观点，这种变化的过程是宽恕最本质的特征。

此外，还有学者从其他角度对宽恕做出了定义：Lawler-Row 等人（2007）从宽恕的指向、方向和形式三个维度对宽恕进行了界定；Pingleton 认为宽恕是受害者放弃报复和惩罚冒犯者的内部需要（转引自罗春明，黄希庭，2004）；Hargrava 则指出，宽恕就是受害者不再憎恨冒犯者（转引自罗春明，黄希庭，2004）。综上所述，尽管关于宽恕的定义很多，但 Enright 和 McCullough 的定义由于操作性较强，有助于宽恕的心理学研究，因此被广泛认可。

### 1.1.2 宽恕的模型

对于宽恕的概念，研究者更倾向于 Enright 和 McCullough 的定义，即将宽恕看作是消极因素向积极因素转变的过程，在此基础上，想要进一步地界定宽恕，有必要对宽恕的理论模型做详细的总结与比较，即关注不同学者是如何看待宽恕这一概念的。总结相关文献，宽恕的模型主要可以概括为以下几个：第一，基于已有心理学理论的模型，该模型讨论的是什么是宽恕的问题；第二，描述宽恕过程的模型，该模型讨论的是宽恕过程的问题；第三，基于道德发展阶段的模型，该模型讨论的是宽恕的发展阶段问题；第四，宽恕的类型模型，该模型讨论的是宽恕的分类问题；第五，基于人际间变量的模型，该模型讨论的是影响宽恕的人际因素；第六，自我宽恕模型，该模型讨论的是个体宽恕自己的问题。

### 1.1.2.1　基于已有心理学理论的模型（Models based on established psychological theories）

宽恕的心理学研究始于上世纪三十年代皮亚杰等人在道德领域的研究，到了八十年代，研究者们开始基于已有的心理学理论来解释什么是宽恕。Brandsma（1982）从精神动力学的角度出发，认为宽恕是成熟的自我对孩童时期的自我的宽恕，是个体将这种宽恕拓展到其他人际关系中的过程；Smith（1981）从人际关系学说的角度出发，认为宽恕是用新的人际关系代替冒犯事件的过程，在这一过程中，个体获得了新的意义（new meaning and significance）。此外，还有研究者从存在主义的角度（Pattison，1989），自我—客体关系的角度（Gartner，1988），以及认知的角度（Droll，1984）来解释宽恕。

### 1.1.2.2　描述宽恕过程的模型（Models that describe the tasks involved in the process of forgiveness）

基于宽恕过程的模型描述的是包含于宽恕过程中的个体的心理过程，很多心理学研究者都提出了各自对宽恕过程的理解：早在上世纪五十年代，Martin（1953）便提出了一个宽恕的五阶段模型，这五个阶段分别是放弃报复的念头、渴望重建关系、让冒犯者认识到他的冒犯行为伤害的人际关系、让冒犯者有忏悔之心、重建人际关系。Augsberger（1981）和 Loewen（1970）也提出了类似的宽恕过程模型。此外，Benson（1992）从认知、动机和行为的角度出发，提出了一个四阶段模型，这四个阶段分别是识别冒犯带给自己的愤怒体验、对冒犯者产生怜悯和共情、从宗教的仁爱角度去对待冒犯者、愿意去容忍冒犯者的冒犯行为并以利他行为对待冒犯者。提出过类似模型的还有 Pettitt（1987）、Hope（1987）等人。

近期，Worthington（2006）从压力应对理论出发，提出了一种新的描述宽恕过程的模型。在这个模型中，个体会因冒犯行为而产生一种不公平的差距感（injustice gap），如果个体将这种冒犯评价为一种威胁，就会经过反刍而决定不宽恕对方，并由此产生报复或回避等消极动机；如果个体将这种冒犯看作是一种挑战，就会去寻求解决这个问题的方法，进而产生和解或助人等亲社会动机。冒犯行为对于受冒犯者来说是一种压力，在形成一定的动机后，个体会根据双方的能力对比、关系程度等问题来应对这个压力。无论宽恕与否，个体做出的决定都会重新回到宽恕过程中去，进一步影响宽恕的过程（图 1-1）。

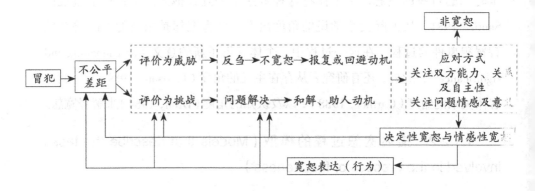

**图 1-1　宽恕的压力应对模型**

（Worthington，2006；转引自马洁，郑全全，2010）

尽管不同研究者对于宽恕过程中所包含环节的认识有所不同，但很多环节还是得到了众多模型的一致认可，被认为是宽恕过程中应当被包含的环节（Wade，Everett，& Worthington，2005），例如认识冒犯、体验消极情绪、产生消极认知、将宽恕作为解决问题的方法、情绪上（如对冒犯者的共情）和行为上（如做出宽恕的决定）的操作（McCullough & Worthington，1994）。

### 1.1.2.3　基于道德发展阶段的模型（Models based on a moral development framework）

Enright 和同事（Enright，Gassin，& Wu，1992；Enright & Human Development Study Group，1991，1996；Enright，Santos，& AI-Mabuk，1989）、Nelson（1992）以及 Spidell 和 Liberman （1981）从柯尔伯格的道德发展理论出发，认为宽恕与道德有着相似的发展阶段（表1-1）。从表1-1可以看出，阶段1和2中，个体将宽恕作为交换的条件（这里的交换既有物质的交换，如补偿因冒犯而造成的损失，也有心理上的交换，如通过宽恕来缓解内疚）；阶段3和4中的宽恕多出于外界的压力（如他人的评价和期待、社会团体的规范等）；在阶段5中，宽恕的目的在于维护社会和谐；只有阶段6中的宽恕更符合宽恕的本质，即宽恕并非出于外界的压力，而是内在动机的作用。

表1-1　柯尔伯格道德发展阶段与宽恕发展阶段对比

| 阶段 | 道德发展 | 宽恕发展 |
| --- | --- | --- |
| 1 | 法律道德：服从权威，为避免受到惩罚而遵守规则，避免对人和财物进行物质上的损害 | 报复性宽恕：只有当冒犯者受到了同样的伤害后才可以被宽恕 |
| 2 | 个人主义、工具性目的和交换：在与个体的直接利益有关时才遵守规则，公平道德是互惠互利的 | 有条件的、补偿性宽恕：如果因冒犯而损失的东西得到了补偿，那么就可以宽恕冒犯者；如果不宽恕会导致被冒犯者的内疚，那么也可以宽恕冒犯者 |
| 3 | 个人之间的相互期待、相互关系和一致：由团体的意见决定对与错，个体行为的目的是让团体中的人都喜欢他 | 期待性宽恕：宽恕行为是别人所期待的，做出宽恕行为会得到他人的赞许 |
| 4 | 社会体系和良心：以法律作为行为指标，除非在极端情况下，个体都会拥护法律法规 | 合法的宽恕：宽恕是出于规则的要求（如宗教的教义、道德的规范等） |

**续表**

| 阶段 | 道德发展 | 宽恕发展 |
|---|---|---|
| 5 | 社会契约或功用和个人权利：尽管人人都有自己的价值观，但因为规则和社会契约，团体的规则需要被维护。而对于生命、自由等权利，无论团体意见如何，都必须被维护 | 社会和谐要求下的宽恕：宽恕的目的是减少社会中的冲突，维护社会的和谐氛围，建立社会中良好的人际关系 |
| 6 | 普遍的伦理原则：遵守自我选择的伦理原则，当法令与原则冲突时，选择按照这些原则办事 | 作为仁爱的宽恕：出于仁爱的角度而宽恕冒犯者，即使自己受到了伤害，这种对他人的爱也不会改变 |

### 1.1.2.4 宽恕的类型模型（Typologies of forgiveness）

宽恕的类型模型主要是讨论宽恕的分类问题，在讨论宽恕的类型时，不同的学者提出了不同的看法：Trainer（1981）将宽恕分成三种类型，分别是机械性的宽恕（Rote-expected forgiveness）、暂时性的宽恕（Expedient forgiveness）和本质性的宽恕（Intrinsic forgiveness）。机械性的宽恕是宽恕的一种公开表现，它伴随个体被冒犯后的一些负性情绪（如害怕、焦虑、愤怒）出现；暂时性的宽恕是围绕冒犯关系的一种有意义的结果，它伴随冒犯者受到的惩罚这一结果产生；本质性的宽恕表现为一种人格特质，是对于冒犯者态度和感受的变化。Nelson（1992）根据被冒犯者行为、情感和态度变化的程度，将宽恕分为分离性的宽恕（detached forgiveness）、有限的宽恕（limited forgiveness）和完全的宽恕（full forgiveness）。Veenstra（1992）则将人际间的宽恕分为六种，分别是忽略冒犯者（overlooking the offense）、原谅冒犯者（excusing the offense）、容忍冒犯者（condoning the offense）、宽恕冒犯者（pardoning the offense）、由责备到释怀的转变（releasing the offender from blame）、重建信任关系（reestablishing trust with the offender）。

### 1.1.2.5 基于人际间变量的模型（Interpersonal forgiveness model）

基于人际间变量的模型是新近提出的一种宽恕模型，Koutson（2008）从个体的宽恕倾向性和人际间相关变量的角度出发，对该模型进行了描述。首先，从个体宽恕倾向的角度来看，很多研究都显示，在众多人格特质中，宜人性能够有效预测个体的宽恕倾向（Neto，2007；Shepherd & Belicki，2008），因此，宜人性对宽恕倾向的预测是该模型中的重要部分。其次，Koutson 还对其他人际间的相关变量做了描述，例如，冒犯者与被冒犯者之间的关系是影响宽恕的重要因素；冒犯者在做出冒犯行为后，如果能及时给予被冒犯者积极的行为（如道歉、忏悔、经济上的补偿、倾听被冒犯者的抱怨等），那么被冒犯者宽恕的可能性会大大增加；如果被冒犯者能够确定，今后不会再遭受冒犯者类似的冒犯，那么他的宽恕可能性也会增加（图 1-2）。因此，在该模型看来，宽恕是个体因素和人际间因素共同作用的结果。

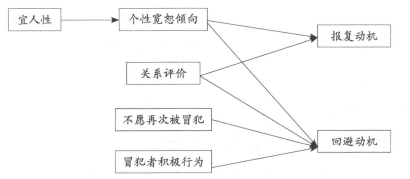

**图 1-2　基于人际间变量的宽恕模型**

（Koutson，2008；转引自马洁，郑全全，2010）

### 1.1.2.6　自我宽恕模型（Self-forgiveness model）

与前面的宽恕模型不同，自我宽恕模型探讨的是个体宽恕自己的问题。对于自我宽恕，Enright 等曾将其定义为"个体在面对自身犯下的客观错误时，放弃对自我的怨恨，以同情、慷慨和爱的态度来对待自己"（Enright & the Human Development Study Group，1996）。近期，Hall 和 Fincham（2008）结合 McCullough 对于宽恕的定义，从动机转变的角度对自我宽恕下了新的定义，他们认为，自我宽恕和宽恕一样，都是冒犯事件发生后个体动机的转变过程，只不过自我宽恕是个体自我惩罚动机的降低和善待自己动机的增强的过程。也就是说，自我宽恕是指向自己的破坏性动机降低、建设性动机增强的过程。

在定义自我宽恕的同时，Hall 和 Fincham（2008）还研究了与自我宽恕相关的一些因素。他们指出，对于冒犯行为的归因、因冒犯而产生的羞愧感和罪恶感、对被冒犯者的共情等都是影响自我宽恕的重要因素，这些因素的影响作用也得到了国内学者的支持（单家银，徐光兴，2008；喻丰，郭永玉，2009）。据此，他们提出了一个自我宽恕的模型（图1-3）。

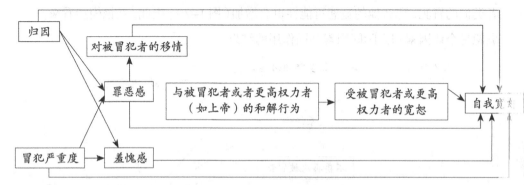

图 1-3　自我宽恕模型

（Hall & Fincham，2008；转引自马洁，郑全全，2010）

## 1.2　对于宽恕后行为的研究

### 1.2.1　对于宽恕结果的分类

宽恕以后的行为实际上就是宽恕的结果。Wallace，Exline 和 Baumeister（2008）明确提出了"宽恕结果"（consequences of forgiveness）这一概念，但对于该领域的研究却早已有之。从传统的宽恕双方的视角出发，宽恕的结果可以分成两种，一是从被侵犯者角度而言的结果，即在被侵犯者宽恕侵犯者后，宽恕这一行为对他（指被侵犯者）有何影响；二是从侵犯者角度而言的结果，即在得到对方的宽恕后，侵犯者会有何反应。此外，Wallace 等人（2008）还提出了另一种分类方法，将宽恕的结果分成内心的（intrapsychic）结果和人际的（interpersonal）的结果两类。其中前者指的是心理层面的结果，这主要是针对被冒犯者而言，即被冒犯者在做出宽恕的决定后，其心理有何变化（如情绪的变化）；而后者指的是行为层面的结果，这主要是针对冒犯者，即冒犯者在得到对方的宽恕后，其行为有何变化（如是善待被侵犯者，还是进一步侵犯他）。

从被冒犯者内心（心理）的角度出发，以往的研究结果比较一致，即绝大部分研究都认为宽恕对于被冒犯者内心有着积极的作用，即宽恕能够帮助被冒犯者获得内心的平复。例如，宽恕有助于被冒犯者从情绪伤痛中恢复过来（Coyle & Enright，1998；McCullough，Worthington，& Rachal，1997），能够提升积极的情绪（Al-Mabuk，Enright，& Cardis，1995），能够提高被冒犯者的自尊水平（Karremans，Van Lange，Ouwerkerk，& Kluwer，2003），能够降低愤怒、抑郁、焦虑等情绪（Coyle & Enright，1997；Freedman & Enright，1996）。此外，对于被冒犯者而言，宽恕甚至还有助于生理健康（Witvliet，Ludwig，& Vander Laan，2001；Worthington & Scherer，2004）。

然而，从冒犯者人际的角度出发，以往的研究结果却是不一致的：有的研究认为，被冒犯者的宽恕会降低冒犯者进一步伤害被冒犯者的可能性，但也有研究认为，这种可能性反而会增加。因此，很多宽恕领域的研究者也将此作为一个未解的（underexplored）、值得探讨的（critical）问题（Exline，Worthington，Hill，& McCullough，2003；Pargament，McCullough，& Thoresen，2000）。

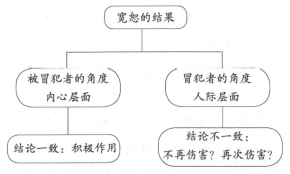

图 1-4　对于宽恕结果的分类及以往研究的总结

## 1.2.2　从冒犯者的行为层面对宽恕结果的研究

尽管在 Wallace 等人（2008）的研究之前，尚没有研究明确从侵犯者角度对宽恕的结果进行研究，但针对该问题的研究结论仍零散地分布于相关的研究中。总结这些研究可以发现，针对该问题的研究结论各不一致：从人际层面而言，有研究认为，侵犯者在得到宽恕后，不会进一步侵犯被冒犯者，而有的研究却指出，在得到宽恕后，冒犯者再次侵犯被冒犯者的可能性会升高。对此，有研究者结合宽恕与和解的关系、冒犯者的内心体验以及冒犯双方的人际互动三个方面，从 "得寸进尺"（进一步侵犯被冒犯者）和 "适可而止"（不再侵犯被冒犯者）两个角度对该问题做出了详细的分析（张田，丁雪辰，翁晶，傅宏，薛艳，2014）。

### 1.2.2.1　"适可而止"：宽恕会减少进一步的伤害

Wallace 等人（2008）分别利用实验室实验、情景假设和回忆伤害事件等方法研究了宽恕的结果，结果发现，三种方法得出的结论是一致的，即宽恕能够降低被冒犯者受到进一步伤害的可能性。从以下几点出发，可以对该结论加以解读。

一是宽恕与和解的关系。尽管研究者早就指出，宽恕和和解是不一样的概念（Enright & the Human Development Study Group，1991），但不可否认它们又有着密切的联系（Holeman，2004）。当被冒犯者决定宽恕冒犯者时，往往意味着他们愿意重新修复或重建与冒犯者之间的关系，这样就会使得冒犯者不再因为他的侵犯行为而自责不已，进而恢复双方的积极关系。而为了维持这样积极的人际关系，冒犯者自然会放弃进一步的侵犯。相反地，如果被冒犯者选择不宽恕冒犯者，并且始终陷于对冒犯者的不满和怨恨之中，便会使得冒犯者认为他们之间的关系已经不可修复了，进而减小他善待被冒犯者的可能性。因此，Wallace 等人（2008）还进一步指出，在选择不宽恕冒犯者时，避免受到进一步伤害的方法是在受到伤害后切断与冒犯者的一切联系，而不是始终陷于对冒犯者的不满和怨恨之中，因为在他们看来，这种持续的不满和怨恨会导致双方关系的不断恶化。

二是冒犯者的内心体验。Kelln 和 Ellard（1999）认为，从公平理论（equity theory）的角度出发，宽恕意味着被冒犯者放弃对冒犯者的不满和怨恨，这种"放弃"的行为使得冒犯者觉得他们对被冒犯者有更多的亏欠，从而导致他们产生对被冒犯者的内疚。而内疚、悔恨等情绪则被认为是修复人际关系的重要因素（Ferguson, Brugman, White, & Eyre, 2007），在双方关系得以恢复的基础上，再次伤害的可能性自然就降低了。Wenzel, Woodyatt 和 Hedrick（2012）也认为，通过内疚和羞愧的表达，冒犯者能够承认他们的过错，并能够对受到损害的人际关系做出重新的思考。

从自我宽恕（self-forgiveness）的理论出发，也可以对冒犯者的内心体验加以解读。Wallace 等人（2008）认为，被冒犯者的宽恕有可能会造成冒犯者对自我的宽恕。而很多研究都认为，自我宽恕可以促进个体的亲社会行为，例如 Squires 及同事的研究发现，个体的自我宽恕与赌博等行为呈负相关（Squires, Sztainert, Gillen, Caouette, & Wohl, 2012）；Fisher 和 Exline（2006）也验证了自我宽恕与自我反省、谦逊等亲社会反应之间的关系；Woodyatt 和 Wenzel（2013）则认为，相比自我的惩罚和虚假的自我宽恕，冒犯者真正的自我宽恕对于其自身和被冒犯者都具有积极的作用。因此，从这个角度出发，自我宽恕能够降低被冒犯者受到进一步伤害的可能性。

三是人际互动的解读。Exline 和 Baumeister（2000）指出，在社会人际关系中，宽恕传递出的是一种友善的姿态。从被冒犯者的角度而言，如果冒犯者在侵犯行为之后能够及时表现出和解的姿态（Conciliatory Gestures），那么他做出宽恕决定的可能性就更大（Tabak, McCullough, Luna, Bono, & Berry, 2012）。涉及社会人际关系的研究也都指出，人们更倾向于对友善的态度做出友善的行为（Cialdini, 1993）。因此进一步的伤害更可能针对那些始终陷于对冒犯者不满和怨恨之中的被冒犯者，因为不满和怨恨传递出的是一种非友善，甚至是敌对的态度。

同时，宽恕本身与进一步伤害之间的相互关系也影响着宽恕的结果。一方面，宽恕会影响发生进一步伤害的可能性，另一方面，这种可能性也影响着被冒犯者的宽恕决定。Wertheim 和 Donnoli（2012）研究了冒犯者应对冲突的方式对于被冒犯者宽恕决定的影响，结果显示，冒犯者做出进一步伤害的可能性是影响被冒犯者决定的因素之一，如果冒犯者不存在进一步伤害的可能性，那么被冒犯者更愿意宽恕对方。因此，在被冒犯者做出宽恕的决定后，受到进一步伤害的可能性也较小。

### 1.2.2.2 "得寸进尺"：宽恕会导致进一步的伤害

尽管多数研究都肯定了宽恕对于被冒犯者的积极作用，但这些研究多是从被冒犯者自身的角度出发的，即这里的积极作用针对的是被冒犯者的内心（intrapsychic）。但如果从人际（interpersonal）的角度出发，结果可能就不一样了。从以下几点出发，宽恕有可能造成人际间进一步的伤害。

一是宽恕与和解的关系。鉴于上文所述的宽恕与和解的密切关系，Stover（2005）便提出了担忧，他在研究了家庭暴力现象后指出，在这些家庭中，往往存在着"伤害—道歉—和解—再伤害—再道歉—再和解"的一个恶性循环的过程，家庭暴力的被冒犯者在接受对方的道歉后，选择与对方和解并重建良好的关系，但这也增加了他们再次受到伤害的可能性。因此，宽恕也存在这样一个潜在危险，即被冒犯者由于双方关系的重建而重新回到伤害情境中去，从而走向一个伤害与和解之间的不良循环。一些心理咨询与治疗人员对宽恕治疗也提出了这样的担忧，他们认为在治疗过程中与来访者探讨宽恕的问题，会引导来访者与那些具有危险性的冒犯者重建关系，从而受到进一步的伤害（Wade，Johnson，& Meyer，2008）。

二是冒犯者的内心体验。（1）消极体验。就冒犯者的内心角度而言，尽管有研究发现，在得到被冒犯者的宽恕后，冒犯者也会感觉更好一些（Hodgins，Liebeskind，& Schwartz，1996），但 Kelln 和 Ellard（1999）却对此提出了质疑，他们的研究发现，当得到被冒犯者的宽恕后，冒犯者反而对他们更加反感，因为宽恕使得冒犯者对于被冒犯者的亏欠感更大。所以在他们研究的一些案例中，冒犯者反而会因为被冒犯者的宽恕而选择再次伤害他们。此外，在一些侵犯事件中，冒犯者起先并不认为他的行为对对方造成了伤害，但他认为的"非侵犯事件"却被被冒犯者认为对其造成了消极的影响（Zechmeister & Romero，2002），此时当被冒犯者选择宽恕冒犯者时，反而会让冒犯者感到羞愧或尴尬（Exline & Baumeister，2000）。而 Brown（1968）很早就指出，这种消极的感受更多地会导致报复等行为，从而增加了进一步伤害的可能性。还有研究者对监狱里的犯人做了相关的研究后指出，对于一些罪犯，尤其是重刑犯（例如杀人犯），他们非但不认可宽恕，甚至还将宽恕看作是一种不道德的行为（Fonseca，Neto，& Mullet，2012）。可见，对于冒犯者而言，被冒犯者的宽恕带来的并非一定是积极的体验。

（2）积极体验。上文指出，如果被冒犯者的宽恕使得冒犯者有消极的感受，那么人际间进一步伤害的可能性便会增加。相反地，即使被冒犯者的宽恕使得冒犯者有积极的感受，这种进一步伤害的可能性也是存在的。一方面，被冒犯者的宽恕可能会让冒犯者错误地认为，他们的侵犯行为对被冒犯者并没有造成实质性的伤害，甚至认为他们的行为并不是一种伤害行为，从而在今后的人际互动中重复这样的伤害行为，对被冒犯者造成进一步的伤害（Baumeister，Exline，& Sommer，1998）。另一方面，Leith 和 Baumeister（1998）认为，被冒犯者的宽恕可能会降低冒犯者的内疚程度，Wallace 等人（2008）也认为，被冒犯者的宽恕有可能会造成冒犯者对自我的宽恕，这种自我宽恕也会降低其对被冒犯者的内疚。由于对被冒犯者不再内疚，冒犯者善待被冒犯者的动机也在降低（Baumeister，Stillwell，& Heatherton，1994）。

三是人际互动的解读。侵犯双方之间的人际互动还包含双方对于对方的认知。当被冒犯者选择宽恕时，他的行为可能会被看作是妥协，甚至是懦弱的表现。Wallace 等人（2008）指出，由于选择宽恕冒犯者的人对于伤害的忍耐以及没有体现报复等倾向，他们会被认为是容易受骗的人，从而再次受到伤害。早期的相关研究就指出，选择不宽恕冒犯者的人往往体现出对冒犯者的不满和怨恨，甚至会报复对方，从而使其放弃进一步的侵犯（Leng & Wheeler，1979）。McCullough，Kurzban 和 Tabak（2011）从进化心理学的角度对此做了类似的解释，他们认为，在受到伤害后，被冒犯者选择报复而非宽恕冒犯者，其目的在于避免受到进一步的伤害。因此，从这个角度而言，非宽恕的行为可能会使冒犯者认识到他的侵犯行为是无法被容忍的，因此放弃进一步侵犯的想法。

### 1.2.3 两组结论相反的例子

综上所述，从内心层面而言，有的研究发现，在得到对方的宽恕后，冒犯者的内心会有积极的心理体验，而有的研究却持相反观点，认为冒犯者体验到的是消极的情绪；从人际层面而言，从不同的理论，甚至是从相同理论的不同角度出发，可以推论出完全相反的结论。

尽管在宽恕发生以后从冒犯者角度进行的相关研究尚比较缺乏，以上这些矛盾之处也多是从零散分布在其他研究中的相关研究中得出的，但在该领域为数不多的研究之间，也存在完全不一致的结论。到目前为止，完全从冒犯者角度进行的宽恕结果研究，即研究冒犯者在得到宽恕以后行为的研究有两组，一是 Wallace，Exline 和 Baumeister（2008）进行的名为 Interpersonal consequences of forgiveness：Does forgiveness deter or encourage repeat offenses 的研究；二是 McNulty 以新婚夫妻为研究对象进行的一系列研究。① 前者认为在得到被冒犯者的宽恕后，冒犯者不会再次伤害被冒犯者；而后者则显示，在

---

① 该系列研究指的是 McNulty 在 2008 年—2011 年期间，以新婚夫妇为研究对象进行的一系列研究，旨在考察宽恕在家庭婚姻关系中可能存在的消极作用，尤其是考察夫妻双方的冒犯者在得到对方宽恕以后的行为是积极的还是消极的。该系列研究共包含三个研究，分别是 2008 年发表于 Journal of Family Psychology 的 Forgiveness in marriage：putting the benefits into context，2010 年发表于 Journal of Family Psychology 的 Forgiveness increases the likelihood of subsequent partner transgressions in marriage，以及 2011 年发表于 Personality and Social Psychology Bulletin 的 The dark side of forgiveness：The tendency to forgive predicts continued psychological and physical aggression in marriage。

婚姻关系中，在受到对方的宽恕后，冒犯者在心理与行为上的冒犯均没有降低，而如果被冒犯者没有表现出宽恕，冒犯者的冒犯反而会降低。

### 1.2.3.1 宽恕会降低进一步的伤害：Wallace 等人的研究

Wallace 等人（2008）的研究使用了三种方法来研究冒犯者角度的宽恕结果问题，既包含了实验的方法，也包含了自陈问卷的研究。当然，每种方法都有其局限性，但这些局限性是不存在共性的，即不同分研究恰好可以弥补其他分研究在研究方法上的不足。

在研究 1 中，被试要与两名同伴（假被试）共同完成任务，其中一人宽恕他，而另一人不宽恕他。实验中，要求被试对其中一人（有且只有一人）实施再次的伤害。通过这个程序，研究者检验人们是更愿意再次伤害已经宽恕他们的人，还是没有宽恕他们的人。研究 2 的基本思路和研究 1 相似，只是没有使用实验的方法。被试同样被置身于一个情境中，需要他们选择再次伤害的对象，但这次的情境是假设的。被试被要求想象他们伤害了某个人，如果当再一次的伤害不可避免时，他们会伤害谁？是已经宽恕他们的人，还是没有宽恕他们的人？研究 3 使用自然情境的方法，让被试回忆他们曾经伤害他人后受到（或没有受到）对方宽恕的情境。其中，研究 1 和研究 2 显示，当被试被要求重复之前的伤害行为时，他们往往选择没有宽恕他们的人作为伤害对象，而研究 3 则显示，如果被冒犯者表现出宽恕的意愿，那么冒犯者会更愿意对他们报之以积极的回应。总的说来，三个研究显示，在得到对方的宽恕后，冒犯者再次伤害被冒犯者的可能性会降低，而非提升。

### 1.2.3.2 宽恕会增加进一步的伤害：McNulty 的系列研究

McNulty 的这一系列研究均是以新婚夫妻为研究对象，研究婚姻关系中宽恕与冒犯者进一步行为的关系。第一个研究是一个为期两年的追踪研究（McNulty，2008），研究显示，面对家庭矛盾中的冒犯者，被冒犯者的宽恕与严峻的家庭矛盾（more severe problems）和较低的婚姻满意度（less marital

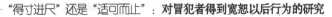

satisfaction）有密切的关系。第二个研究是一个为期一周的日记研究（7-day-diary study），研究者让 135 对新婚夫妻在一周内各自写日记记录夫妻关系，"夫妻关系日记"中还包含一份问卷，询问配偶是否有过激怒你的行为，以及你是否宽恕对方。结果显示，共 165 人（76 名男性和 89 名女性）报告配偶曾做过冒犯自己的行为，并在第二天的日记中记录对方的"过错"。被试的日记显示，夫妻中的冒犯者在得到宽恕以后的一段时间内，其消极行为更明显，相反地，如果没有得到对方的宽恕，冒犯者在事情发生后的一段时间里，其积极行为会更多一些，选择"宽恕"与选择"怨恨"相比，被"宽恕"的配偶在第二天继续"犯错"的概率几乎是被"怨恨"者的两倍。据此，McNulty 指出，"亲爱的，没事儿"（That's OK, Honey！）这样的话可能会令对方做出更多不良行为，而不是改正。

此外，McNulty（2011）的另一项研究是一项为时四年的追踪研究，研究开始时研究者选择一些新婚夫妇为研究对象，在为期四年的研究中，多次让他们填写相关的问卷，主要测试的是其宽恕倾向（the tendency to forgive）和心理与行为的冒犯性（psychological and physical aggression）。主要的研究结论如图 1-5 所示，从图上可知，在面对高宽恕倾向的被冒犯者时，冒犯者的心理与行为的冒犯性均没有显著的变化（实线所示），但在面对低宽恕倾向的冒犯者时，冒犯者的心理与行为的冒犯性都有了显著的降低（虚线所示）。

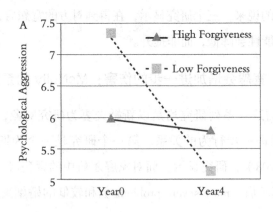

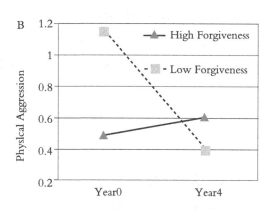

图1-5 McNulty（2011）的主要研究结果

可见，尽管明确针对冒犯者角度的宽恕结果研究尚不多，但即使是这些为数不多的研究，其研究结论也不一致，甚至是相矛盾的。进一步分析可以发现，这两组研究之所以会产生不同，甚至是完全相反的结论，是因为两者都没有充分考虑其他可能的影响因素，即除了得到宽恕与否或者得到宽恕的程度以外，是否还有其他因素会影响冒犯者之后的行为。如果脱离这些可能的影响因素，孤立地研究两者之间的关系，那结论自然会各有不同。因此，就研究内容而言，要澄清该矛盾，就要充分考虑可能存在的影响因素。

## 1.3　影响宽恕的因素

上文提到，之前的研究之所以存在完全矛盾的结论，原因之一就是以往的研究往往忽视了相关影响因素的作用，独立地考察得到宽恕与否与冒犯者之后行为之间的关系。此外，本研究计划从侵犯者的角度山发，研究个体在得到受害者的宽恕后，其行为有何变化。这些变化不仅仅是受到获得宽恕本身的影响，也必然会受到一些其他因素的影响，尽管以往的研究尚未对这些因素加以研究，但宽恕本身确是受到很多因素的影响，对于这些影响因素的总结，有助于对本研究的研究内容做出进一步的思考。

宽恕受到很多因素的影响，已有的综述指出，社会认知、共情、人格特质、人际关系、心理健康和文化等因素都会影响宽恕（张海霞，谷传华，2009），近年来的研究还发现了一些能够影响宽恕的因素。总结看来，影响宽恕的主要因素有以下几个。

### 1.3.1  人格因素

以往对于宽恕的研究发现，宽恕受到很多因素的影响，其中，人格因素常常被讨论到。例如，McCullough 和 Hoyt（2002）研究了大五人格与宽恕的关系，他们发现，大五人格中的宜人性是影响宽恕的一个重要因素，宜人性维度得分较高的人表现出更多的宽恕倾向，也更能够容忍他人。此外，Neto（2007）在葡萄牙群体中的研究，Koutsos，Wertheim 和 Kornblum（2008）在大洋洲群体中的研究以及 Wang（2008）在中国台湾地区的研究均有类似的结论，即大五人格中的宜人性和个体的宽恕特质有显著的正相关。可见，人格因素，尤其是宜人性特质是影响宽恕的重要因素，并且具有一定的跨文化一致性。还有研究显示，神经质、精神性等人格特质也与宽恕存在一定的关系，但各个研究的结果尚不一致。例如，Wang（2008）认为，个体的宽恕与神经质存在显著的相关，而 McCullough 和 Hoyt（2002）却认为，宽恕和神经质之间的这种关系要受到伤害程度的调节作用的影响。

### 1.3.2  移情能力

移情（empathy）指的是能够从对方的角度去考虑问题。Ickes（1997）认为，移情是对另一个人内在状态的认知觉察；Eisenberg 和 Miller（1987）则认为，移情是源自理解他人的情绪状态或情境而产生的与其相一致的情绪反应。有研究显示，移情能够促进良好的人际关系，并增加个体的亲社会行为（Eisenberg，Eggum，& Di Giunta，2010），因此，作为亲社会行为的一种，宽恕与移情之间存在密切的联系。McCullough，Worthington 和 Rachal（1997）

在实验中对实验组的被试进行移情训练，结果发现，与控制组相比，实验组的被试更多地表现出宽恕的倾向。Zechmeister 和 Romero（2002）利用叙事法研究了移情和宽恕的关系，结果显示，移情能力较高的受害者会对冒犯者进行积极的归因，从而更多地去宽恕冒犯者，相反，低共情特质的受害者就很难做出宽恕的决定。近些年的研究也支持了这一观点，例如 Turnage，Hong，Stevenson 和 Edwards（2012）认为，移情能力是对他人宽恕的有效预测因子；Davis 和 Gold（2011）的研究发现，在行为稳定性对宽恕的影响中，移情能力起到调节作用。尽管有研究者认为，在东方的集体主义背景下，移情对于宽恕的影响较小，但这一观点并没有否定移情对于宽恕的影响。Mellor，Fung 和 binti Mamat（2012）近期在马来西亚做的研究显示，即使在集体主义背景下，移情也是影响宽恕的重要因素。

### 1.3.3 人际关系

侵犯者与受害者之间的人际关系状况也是影响个体宽恕的因素之一。Schumann（2012）的研究发现，在得到侵犯者的道歉后，对双方关系更为认可的被试体现出更多的宽恕倾向，而对双方关系不满意的被试则不愿意宽恕侵犯者。Wenzel 和 Okimoto（2012）研究也指出，在伤害事件中，被害者更愿意宽恕与他们社会关系更为接近的人。此外，亲密关系中的宽恕研究也支持了这一观点，在婚姻或恋爱关系中，婚姻满意度或恋爱满意度也影响着亲密关系中的宽恕，很多研究都表明，婚姻满意度对于婚姻中的宽恕有显著的预测能力（Fincham & Beach, 2002; Fincham, Beach, & Davila, 2004; Fincham, Hall, & Beach, 2005）。张田和傅宏（2013，2014）的研究也发现，在恋爱关系中，对恋爱关系满意度较高的大学生也表现出更明显的恋爱宽恕。

### 1.3.4 文化因素

宽恕是基于人际间的冲突和伤害而产生的，而这种冲突与伤害总是发生

在一定的社会文化背景之中的，因此宽恕也不可避免地被刻上了文化的烙印。Ho 和 Fung（2011）认为，宽恕作为一种人际互动的行为方式，受到社会文化的影响，这种影响是有关文化中的个体所特有的价值观、思维方式、表达情感的方式、应对冲突的方式等而产生的。例如，Callister 和 Wall（2004）在研究中比较了第三方中介者（third-party mediators，指的是在侵犯者和受害者之间起到调节作用的第三方）的作用，结果发现，与美国被试（个人主义文化的代表）相比，泰国被试（集体主义文化的代表）在遇到伤害后会更多地运用第三方中介者策略，该中介者会尽量让矛盾双方近距离相处，甚至会对双方的矛盾提出批评，他们为了实现人际间的和谐而要求冒犯者向被冒犯者道歉，同时要求被冒犯者对冒犯者宽恕或与之和解。Paz，Neto 和 Mullet（2008）比较了中国澳门和法国的被试，结果发现，澳门被试在伤害的持续影响和社会的敏感性方面要显著高于法国被试。张田、孙卉和傅安球（2012）认为，这是因为一方面集体主义背景下的群体更关注社会和群体的和谐，所以他们的社会敏感性更强；另一方面，较之报复、回避等伤害应对方式而言，集体主义背景下的群体更多地是选择对内的压抑，从而使得伤害的影响会一直持续，而不是得以宣泄。此外，在 Leung，Au，Fernandez-Dols 和 Iwawaki（1992）的研究中，被试被要求阅读一份假定的冒犯情境，并给他们一些解决冲突的策略供选择。结果显示，日本和西班牙的被试更多地选择有利于社会和谐的方式，例如协商、顺从等，而加拿大和荷兰的被试则更多地选择攻击性较强的方式，例如报复、责备等。传统的宽恕研究多是基于西方背景的，但近年来，集体主义背景下的宽恕研究越来越得到重视，Hook，Worthington 和 Utsey（2009）认为，集体主义背景下的宽恕有两个显著特征，一是为了维护社会的和谐，二是为了修复受损的人际关系。

### 1.3.5　其他因素

近期的研究还发现，公正信念也是影响宽恕的重要因素，对自己的公正信念能够正向预测宽恕水平，而对他人的公正信念能够反向预测宽恕水平，其中冲动性和反刍还起到了中介作用（Lucas，Young，Alexander，& Zhdanova，2010）。Davis 等人（2010）的研究结果表明，精神上的道歉和宽恕有关，即使在控制了其他精神上的因素后，这种关系也是十分显著的。此外，道歉对于宽恕的影响还受到宗教信仰的调节作用，在高宗教信仰的群体中，这种关系更显著。Sandage 和 Jankowski（2010）研究了倾向性宽恕和精神不稳定性、心理健康和心理幸福感之间的关系，结果显示，在倾向性宽恕对精神不稳定性、心理健康和心理幸福感的影响中，自我分化起到了中介作用。

## 1.4 宽恕研究的主要方法及局限之处

### 1.4.1 宽恕研究的主要方法

目前，针对宽恕的研究主要采用三种方法，即叙事法、问卷法和实验法。叙事法就是让被试叙述某些与侵犯有关的事件，要求被试把自己认为重要的或有意义的方面在故事中详细描述出来，然后由研究者对其进行内容分析。该方法有助于确定影响宽恕的主要因素及各种因素的出现与否对宽恕的影响，它有助于探明人们宽恕的动机；用问卷法来研究宽恕主要是解决宽恕水平的评定，它有助于进行宽恕的实证研究以及不同研究间的比较；宽恕的实验研究主要包括认知函数的研究和宽恕干预的研究，实验研究中的认知函数的研究主要是确定影响宽恕的各因素间的内在关系，宽恕的干预研究则主要是验证宽恕干预在临床上的效果。

### 1.4.2 以往研究方法的局限之处

但目前的这些研究方法都还存在一些不足：叙事法的一个重大不足在

于该方法以质的研究为主，得出的结论缺乏有力的数据支持。问卷法则是当前研究宽恕的主要方法，利用问卷法研究宽恕时，研究者先假设某些因素可能与宽恕有关，通过相关量表的测试，对数据进行相关和回归的分析，进而得出相关的结论（胡三嫚等，2005；徐晓娟，2009）。量表研究相对简便，可以得出相关关系的结论，但相对于实验研究而言，量表研究缺乏严格的变量控制，不足以得出较为准确的因果关系结论。实验法可以通过严密的控制，发现内在的因果关系，但目前针对宽恕的实验研究还缺乏成熟的范式。Wallace 等人（2008）就提出，宽恕研究正面临着方法上的瓶颈，亟待我们对其加以革新。

通过对国内相关文献的检索和查阅后可以看到，国内研究宽恕的方法全部集中于测量法，即通过宽恕量表和其他心理学量表测查个体的心理特质与宽恕之间的关系，例如考察宽恕与人格、心理健康、家庭教育等因素之间的关系。这些研究可以在一定程度上反映宽恕与一些心理特质的关系，但通过短期的横向调查很难得到确切的因果关系。例如尽管多数研究都指出，宽恕和心理健康有密切的关系，但我们却无法确定，是宽恕的人心理更健康，还是心理健康的人更容易宽恕他人，抑或是某个其他因素同时影响个体的宽恕水平与心理健康水平。因此，这些研究对于宽恕理论应用的指导意义并不是很大。如果我们能确切地研究出某种因素决定了宽恕，我们就可以根据研究结果，进行相应的心理辅导与干预。例如，如果证明某种人格能够决定宽恕的水平，缺乏这种人格特质的个体更倾向于打击报复他人，那么我们就可以更有针对性地进行人格教育了。

进一步查阅国外的文献后发现，多数针对宽恕的研究也是基于量表的测量，考察宽恕与其他特质之间的关系。同时，一些国外的研究也提到了宽恕的实验研究，即在实验室情境下，通过对相关变量的严格控制研究宽恕。但是，这些实验室研究存在的问题在于，缺乏明确的实验范式，即实验没有统一的方法，实验中的宽恕的水平如何测量？如何说明宽恕与测量指标的关系？宽恕情境的标准化如何控制？这些问题都还需要进一步的思考。

### 1.4.3 针对局限之处的改进方法

综上所述，可以将以往宽恕研究的方法总结成下表。

由表1-2可见，针对宽恕研究过分依赖测量法的现状，可以有两条改进途径，一是将短期的横向测量改进为长期的追踪测量，通过长时间的测量，并通过相应的统计方法（例如交叉滞后分析），可以克服横向测量的一些不足。另一条途径则是选用实验室的研究，因为实验研究可以严格控制无关变量的影响，从而对因素间的因果关系加以推论。

**表1-2　宽恕研究方法的局限及其改进设想**

| 以往研究 | 以测量研究为主，通过问卷调查，研究宽恕和相关因素间的关系 | | |
|---|---|---|---|
| 不足之处 | 问卷的有效性不足，影响研究的准确性 | | |
| 改进方法 | 纵向研究 | 实验室研究 | |
| | | 行为实验 | 生理指标实验 |
| 优点 | 比横向问卷研究更接近因果关系，并可以考察研究结果的稳定性和持续性 | 相对更接近现实，结果更容易被接受 | 考察了宽恕的相关生理指标，说服力更强 |
| 难点 | 研究的长期持续和被试的保留 | 探索实验的范式 | 探索实验的范式，如何将生理指标和宽恕相结合 |
| 局限 | 受制于问卷的有效性 | 受制于实验设计的精确和控制 | 受制于实验设计的精确和控制 |

针对长期的纵向研究，国外学者已经加以关注，其中尤以 McCullough 为代表。McCullough 是最早开始对宽恕进行系统研究的学者之一，他于本世纪初提出要对宽恕进行纵向的追踪研究，并加以实践，建立了宽恕与时间之间的函数关系：

$$TRIM_{ij}=\beta_{0j}+\beta_{1j}(Time)_{ij}+\gamma_{ij}$$

其中 TRIM 是宽恕量表的测量结果，Time 是时间。可见，宽恕的纵向研究已经引起宽恕研究者们的关注。

但是，对于宽恕的实验研究不但国内研究没有涉及，国外的研究也涉及不多。例如 Wallace 等人（2008）运用实验的方法研究了宽恕的结果，但实验中个体是否宽恕，仅仅是用言语表示，例如个体说"好吧，我宽恕你了"就被视为做出了宽恕。但真正宽恕与否，还需要确切的指标。因此，宽恕的实验研究还有很多值得改进的地方。由上表可知，改进宽恕实验研究方法的关键在于实验范式的探索，因为无论是基础的行为实验，还是进一步的生理实验，其前提都是要有合理的实验范式，即在这个实验范式中，个体发生的的确是宽恕，而不是其他的行为或情绪。因此，要变革宽恕研究的方法，其趋势就在于发展或探索出合理的实验范式。

### 1.4.4 对于宽恕实验范式的思考

如前文所述，要变革宽恕研究的方法，其趋势就在于发展或探索出合理的实验范式，而对于实验范式的探索，需要对以下几个关键问题加以重视。

（1）宽恕怎么测量？要研究宽恕，首先就要解决怎么测量宽恕的问题。以往关于宽恕的测量，怎么都跳不出问卷的限制。如果我们能摆脱问卷，发展一种行为指标来表示宽恕的程度，那么就解决了宽恕的测量问题。（2）情境怎么设置？宽恕情境有其特殊性。尽管宽恕具有亲社会的属性（正如McCullough 对宽恕的定义，即宽恕是个体亲社会动机的转变），但是宽恕是要以伤害为前提的，要设置宽恕的情境，就要先设置伤害的情境，那么怎样设置这个伤害的情境就成了实验的关键。而如果采用人为的伤害，那么又很难保证实验的标准化以及对被试造成的影响，这就需要我们考虑伤害情境标准化和伤害程度的问题。（3）实验任务如何设置？在解决了宽恕测量和情境设置两个问题的基础上，还需要进一步考虑实验的任务如何设置？即在实验中要让参与者进行怎样的操作。因为宽恕涉及两个或两个以上的个体，这与博弈任务有类似之处，因此本研究从博弈理论和经典的博弈任务出发，思考宽恕研究的任务设置。（4）实验的伦理道德问题。如第二个问题所述，要研究宽恕，就要有伤害情境，那么伤害的程度如何控制？设置的伤害会不会对被试造成影响？这些问题需要在实验之前考虑周全。

针对这几个关键问题，以往一些研究中的方法是值得借鉴的：（1）宽恕的测量问题。有研究者（俞国良，郑友富，2010）运用信任的实验范式，研

究了儿童信任的发展。经典信任范式是一个不完全信息的动态单轮博弈。博弈的参与双方分别被称为信任者和被信任者，在整个博弈过程中双方互不见面。在实验开始时，信任者获得一定数额的基金 X，然后由其决定从中抽取一部分金额 x 给被信任者，游戏双方都很清楚被信任者将收到信任者送出金额的三倍，即 3x。随后，被信任者将决定从获得的金额中抽取一定的金额 y 还给信任者。可见，恰当地运用代币或类似的金额数可以用于测量个体的信任程度，那么相应地，我们也可以尝试运用代币或类似的金额数来测量个体的宽恕程度。

（2）宽恕情境的设置问题。要设置宽恕情境，必须注意两个因素：一是要有两个或两个以上的个体，二是一方的行为对另一方造成了伤害或损失。对于第一个因素，高倩、佐斌、郭新立和马红宇（2010）在研究中使用了"假被试"的研究方法，即在研究中名义上需要有两名被试相互合作，但其中一名"被试"的操作是由研究者事先设置好的计算机程序完成的（这一点真实的被试并不知情），从而达到控制实验的目的。如果借鉴该研究，我们也可以将宽恕（伤害）情境中的一方设置为"假被试"，"他"的行为完全由实验者事先设置好，这样可以控制伤害程度以达到标准化的目的。对于第二个因素，同样借鉴以上这个研究，可以让被试与"假被试"共同合作完成一定的任务，由实验者控制"假被试"，让"假被试"造成任务失败，而导致被试的利益受损（如上所述，这里的利益受损可以是获得的金额被削减）。

（3）实验的伦理问题。原本讨论实验的伦理问题，是因为担心伤害情境对被试会造成一定的影响。现在，由于第二个问题中第二个因素（即被试利益受损）的解决，这里的伦理问题也相应地解决了，毕竟相比人身、心理等伤害，实验金额上的损失对于被试的影响不至于很大。

（4）实验的程序如何设置。借鉴索涛等人（2009）的研究，他们研究了个体在决策错误后，情绪变化的脑生理指标。在本研究中，被试会在电脑屏幕上看到 11 个小方块，其中 5 个绿色，6 个灰色，同时会有一个红色箭头在 11 个方块上来回迅速地循环滑动，当被试按下相应的按键时，箭头会停止滑动，若此时箭头停在绿色区域（中间五块），则被试会获得一定的奖金；若停在灰色区域（左右各三块），则会被扣除一定的奖金（如下图）。由于箭头滑动非常快，因此在被试看来，箭头是否停在绿色区域完全是靠运气。但实际上，箭头所落的区域是由实验者事先设置好的，即无论你如何操作，落在绿色和灰色区域的次数是一定的。之所以研究者要使用这样的任务，是因为任务的结果是随机的，尽管任务结果是实验者事先设置好的，但在被试看来是随机的，即任务完成结果是靠自己的运气，因此很好地避免了实验中的联系效应。综上，在宽恕的研究中，如果需要真假被试间相互配合完成任务，也应该设置这样的任务，避免联系效应。

**图 1-6　索涛等人（2009）的研究材料**

基于此，整合以上四个问题，我们可以初步形成一个宽恕的研究范式：范式中有两个被试，分别是 A 和 B，其中 A 是我们需要研究的被试，B 是我们事先设置好的计算机程序，即所谓的假被试。

以上面提及的 11 个方块的任务为例，实验开始前，A、B 各得到一定数量的代币，实验开始后，A 和 B 同时操作该任务，会出现四种结果。

结果 1：若两者同时成功（即箭头均落在绿色区域），则各获得 20 个代币；

结果 2：若两者同时失败（即箭头均落在灰色区域），则各扣除 20 个代币；

结果 3：若 A 成功 B 失败，则两者合计扣除 20 个代币，但此时，如何扣除由 A 决定，这 20 个代币可以全部从 B 处扣除，也可以由两人共同分担；

结果 4：反之，则由 B 来决定如何扣除（当然，由 B 决定时是由实验者事先设定的）。

尽管该任务会出现以上 4 种情况，但我们实际要研究的是结果 3 中 A 的决定，即他是如何分配代币扣除的，我们可以假定，A 自己分担的处罚代币越多，则表示 A 对 B 的宽恕程度越高。但同时，在实际研究中，我们也要合

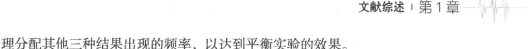

理分配其他三种结果出现的频率，以达到平衡实验的效果。

## 1.5 博弈理论在心理学研究中的运用

### 1.5.1 整合范式的不足和缺陷

分析上文的实验方案可知，该方案看上去比较好地解决了一些关键问题，但实则还存在需要进一步思考的问题。

一是这个范式是在借鉴已有研究的基础上整合形成的一个范式，那么如何让这个自创的范式获得认可？这个问题还值得商榷。二是这个范式借鉴了"合作"、"后悔"等心理领域的研究方法，如何说明范式中指标代表的就是宽恕？例如在实验方案中，我们假定在实验结果3中，A自己分担的处罚代币越多，则表示A对B的宽恕程度越高，这样假定的依据何在？如何将付出代币的多少与宽恕的水平之间形成联系？

### 1.5.2 博弈范式在心理学研究中的运用

带着这样的疑虑，进一步分析该实验方案可以发现，该方案中存在着明显的博弈思想，而博弈理论也是近年来研究的热点问题，有学者对诺贝尔经济学奖获得者的研究进行了总结发现，很多研究都是基于博弈理论的（杜丽群，2013）。同时，博弈理论也是心理学研究中常常涉及的理论之一，博弈范式也被很多研究者看作是研究心理学问题的有效工具，常用的博弈范式包括最后通牒博弈任务（Ultimatum Bargaining Games）、独裁者博弈任务（Dictator Game）、囚徒困境博弈任务（Prisoner's Dilemma Games）、爱荷华博弈任务（Iowa Gambling Task）等。这些博弈范式常常被应用于合作、信任、利他等心理学领域的研究，例如，孙昕怡、陈璟、李红和李秀丽（2009）通过囚徒困境的博弈范式对比了儿童和成人在博弈决策中的合作特点；郑璞、俞国良和郑友富（2010）则通过博弈范式考察了儿童在经济活动和博弈中信任的发展情况；Fletcher 和 Zwick（2007）则从博弈理论出发，分析了利他行为的进化发展。

与此同时，合作、信任、利他等也是与宽恕有着密切关系的心理特质或行为。例如，Karremans 和 Van Lange（2004）的研究发现，宽恕与个体的合作有着显著的关系；Witvliet（2012）从利他主义（altruism）的角度来认识和解释宽恕，甚至用利他宽恕（altruistic forgiveness）这一术语来表示宽恕；Molden 和 Finkel（2010）的研究则发现，个体间的相互信任程度能够有力地预测个体间的宽恕程度。既然与宽恕相关的一些心理特质或行为能够通过博弈任务进行较好的实验研究，那么是否意味着宽恕也可以通过类似的方法加以研究呢？分析宽恕和博弈的内涵可以发现，两者有着诸多相似之处：博弈理论涉及两个或两个以上的个体，不同的个体间为了各自利益的最大化而不断改变互动的策略，而宽恕也涉及两个或两个以上的个体，个体为了自身的利益（如维持和谐的人际关系、降低愤怒抑郁等不良情绪、保持心理健康、躲避报复等）而选择宽恕或不宽恕对方。因此，就研究方法角度而言，本研究假设博弈理论及一些成熟的博弈任务范式可以运用到宽恕的实验研究中，从而不断完善宽恕的实验研究法。

### 1.5.3　囚徒困境范式在宽恕研究中的运用

如前文所述，研究者已经将众多的博弈范式运用于心理学实验，那么面对纷繁复杂的范式种类，哪一种是适合宽恕研究的呢？查阅众多的博弈范式，囚徒困境范式进入了研究的视野。

囚徒困境范式源于1950年美国兰德公司提出的囚徒困境博弈论模型。在该模型的描述中，两个共谋犯罪的人被关入监狱，不能互相沟通情况，如果两个人都不揭发对方，则由于证据不确定，每个人都坐牢一年；若一人揭发，而另一人沉默，则揭发者因为立功而立即获释，沉默者因不合作而入狱十年；若互相揭发，则因证据确实，二者都判刑八年。囚徒困境由此得名。在心理学研究中，囚徒困境是研究人际互动时一个常用的博弈范式（Axelrod & Hamilton，1981），在该范式中，两个个体通过博弈以实现自身利益的最大化，每个人都有"合作"和"竞争"两种选择，根据两者的选择，个体能够获得不同的回报（在心理学研究中，通常以代币或金钱作为回报）。由于每个人只有"合作"和"竞争"两种选择，最终实验的结果会出现四种情况（如表1-3）：（1）A、B两人都合作，则两人都可以获得一定的回报（例如2元）；（2）A、B两人都选择竞争，则两人都只能获得较少的回报（例如1元）；（3）A选择合作，B选择竞争，则B能够获得多于两者均合作时的回报（例如3元），而A则没有回报；（4）A选择竞争，B选择合作，则结果与（3）相反，即A获得3元，而B没有回报。

表 1-3　囚徒困境研究中不同结果的回报

|  | A 合作 | A 竞争 |
| --- | --- | --- |
| B 合作 | A 获得 2 元，B 获得 2 元 | A 获得 3 元，B 获得 0 元 |
| B 竞争 | A 获得 0 元，B 获得 3 元 | A 获得 1 元，B 获得 1 元 |

近年来，囚徒困境范式开始进入了宽恕研究者的视野，究其原因，可能有以下两点：一方面，囚徒困境范式本身涉及宽恕的因素。Axelrod 和 Hamilton（1981）在研究囚徒困境博弈的策略时指出，获胜的策略叫作 tit for tat 策略，所谓 tit for tat 策略包含了三个特征：一是绝不先选择"竞争"，也就是说当博弈开始时，使用该策略的人会一直选择"合作"；二是当对方伤害自己后选择报复，也就是说当对方选择"竞争"时，使用该策略的人也会选择"竞争"；三是宽恕，即当对方改变策略，重新选择"合作"时，使用该策略的人也重新选择"合作"。Trivers（1985）将 tit for tat 策略概括为"先以你希望对方对待你的方式对待他，然后以他实际对待你的方式回应他"。可见，在囚徒困境的博弈中，所谓的"宽恕"指的就是在博弈对手做出伤害行为（即选择"竞争"）后并改变策略重新"合作"时，个体也选择"合作"的行为。

　　另一方面，囚徒困境范式已被国外一些研究者运用于宽恕研究。Wallace 等人（2008）最早明确地将囚徒困境范式运用于单独的宽恕研究①，其运用囚徒困境范式研究了冒犯者在得到被冒犯者的宽恕后，其会如何进一步对待被冒犯者。大致的研究程序如下：被试被告知他们将与另外两名参与者共同完成一项任务，根据任务完成的情况，他们将获得相应的奖金。被试是彼此分开的，所以他们不会相互交流或看到对方，并被告知在实验结束之前，他们不会相互见面，从而也不会知道对方是谁。在介绍囚徒困境的实验程序后，被试还被要求在每轮游戏中都要给对手写一张纸条。实验开始后，指导语要求被试在第一轮中，对 B 和 C 都选择"竞争"；在第二轮中，对 B 和 C 其中一人选择"竞争"，另一人选择"合作"。当被试了解实验程序，并完成了第一轮后，研究者收集被试选择的"合作/竞争卡"，并假装将他们的卡片分配到相应的对手那。然后，再假装将对手选择的卡片转交给被试，这里，假被试的选择均被事先设置为"合作"。这样一来，被试会认为因为他选择了"竞争"，对手选择了"合作"，使得自己获得了利益，而对方却损失了奖金，从而造成伤害情境。然后，让被试填写评论卡，实验者再次假装帮他们相互交换评论卡，这时，被试会得到两张评论卡，分别被认为是 B 和 C 写的。其中一张是宽恕的，写的是"哦，好吧！我原谅你选择了竞争，但是我们还是应该合作啊，这样我们都能获得一定的奖金"；另一张是非宽恕的，写的是"你出什么问题啦！你太伤害我了！记住啊，如果我们都合作的话，我们就都能获得一些奖金"。在阅读了这些评论卡后，被试完成他们第二轮的选择。最后，被试需要填写一些问卷，并最终获得 5 美元。

　　可见，囚徒困境范式在该研究中最重要的作用就是创设伤害情境，较好

---

　　① 这里所谓单独的宽恕研究，是针对以往研究而言的，在以往的研究中也有研究者在运用囚徒困境范式时提及宽恕，但多是在研究其他领域时（如《人机互动策略》，Nowak & Sigmund，1990；欺骗与合作，Brembs，1996；Nowak，2006；《进化心理学的博弈研究》，Macy，1996；《人际信任的发展》，Tedeschia，Hiestera & Gahagan，1969）将宽恕作为一种人际互动或博弈的策略提及，而并非运用该范式对宽恕本身进行研究。

地将博弈范式运用到了宽恕研究之中。其优点是将博弈范式运用现场实验，通过"假被试"、"假装互递纸条"等操作增加实验情境的真实性，相比实验室实验，其外部效度有着很好的保证。但不难看出，该研究在运用囚徒困境范式的过程中，还有一些可以进一步改进的地方：首先，对于 B 或 C 的伤害是"追选"产生的，即对于 B 或 C 有且只有一人可以伤害，那么这种伤害是否出于真心就值得商榷了。假设被试对于两人都不愿意伤害，但出于实验要求，不得不对某个人做出了伤害行为，那么在伤害的过程中，被试是否会出现内疚、自责等情绪？这些情绪对实验结果是否有影响？这些问题都是需要加以澄清的。第二，该研究中囚徒困境范式的目的是创设伤害情境，但也仅限于此，没有将宽恕与否与实验范式结合起来，即被冒犯者的宽恕是由其话语表达出来的，而不同被试对于话语的主观理解可能是不一致的，同样面对"你出什么问题啦！你太伤害我了！记住啊，如果我们都合作的话，我们就都能获得一些奖金"这样的表述，可能有被试认为这是非宽恕的表述，但可能也有被试认为这是宽恕或中性的表述，如果出现这样的理解偏差，那么实验的处理就不恰当了。

而在另一项研究中，Tabak 等人（2012）则将囚徒困境范式运用到实验室的宽恕研究，他们运用循环囚徒困境任务[①]考察了冒犯者表现出的和解姿态（包括向被冒犯者道歉、做出补偿等行为）对于宽恕的影响。在他们的研究中，被试被告知他们会与其他人在电脑上共同操作一项任务，并根据他们的选择获得相应的报酬。但实际上，与他们共同完成任务的并不是实际存在的人，而是由研究者事先设定好的计算机程序，该程序会根据被试的选择自动做出相应的回应。其中，当被试选择"合作"，而计算机选择"竞争"时，该情况被看作是伤害情境；而当计算机程序在此之后选择"合作"时，该情况则被看作是对伤害行为做出的弥补，从而考察补偿行为对于宽恕的影

① 循环囚徒困境任务（iterated prisoner's dilemma game，iterated PDG）指的是连续多轮的囚徒困境博弈，通常是通过计算机程序使得博弈任务不断循环往复，在 Tabak 等人的研究中，囚徒困境的博弈任务有 20-40 轮。

响。与 Wallace 等人（2008）在研究中仅仅使用言语来表示宽恕与否不同，在 Tabak 等人（2012）的研究中，被试宽恕与否不再是由简单的话语表达来决定，而是有明确的操作定义，他们将被试在受到伤害后重新选择"合作"的百分比定义为宽恕（Forgiveness was conceptualized as the degree to which participants returned to playing cooperatively following a breach in trust.……The mean percentage of cooperation that occurred following the breach in trust was calculated in the control and aggravating conditions），这与上文提及的 Wallace 等人（2008）的研究相比，对于宽恕的测量和研究更加客观，也更有利于囚徒困境范式在宽恕研究领域的发展。但不难看出，相比 Wallace 等人（2008）的研究，该研究的外部效度问题还值得商榷。

针对研究的外部效度问题，笔者曾就现场实验和实验室实验对 50 名大学生做过调查。调查中，将 Wallace 等人（2008）和 Tabak 等人（2012）的研究过程详细呈现给这 50 名学生，之后请他们回答："如果你是该实验中的被研究对象，你觉得哪一个实验是真实的实验，即确实有一个'对手'在和你共同完成实验任务，而不是研究者假装的或事先设置好的计算机程序？"结果显示，有 31 人认为前者是真实的（62%），4 人认为后者是真实的（8%），11 人认为两者都是真实的（22%），4 人认为两者都不是真实的（8%）。可见，将因徒困境范式运用于实验室的宽恕研究，其外部效度问题还需要进一步考虑。

# 第2章  问题提出

## 2.1  已有研究存在的问题

### 2.1.1  研究内容方面存在的问题

对于本研究涉及的内容（侵犯者角度的宽恕结果），以往研究还存在一些盲区和不足：首先，尽管宽恕已经是心理学研究的一个热点问题，但以往研究多是从被冒犯者角度出发来研究宽恕的，即从宽恕发出的主体来研究什么是宽恕、如何去宽恕、哪些因素会影响个体的宽恕决定等，这些角度的研究较为全面地涵盖了从被冒犯者角度进行宽恕研究的范围。但相比而言，从冒犯者的角度进行的宽恕研究尚存在一些盲区。总结以往相关的文献可知，在已有的研究中，从冒犯者角度出发，可以进行的研究包括冒犯者如何寻求宽恕（forgiveness seeking），以及冒犯者对自己的宽恕（self-forgiveness）。进一步比较可知，以上两个研究领域的研究内容均是发生在被冒犯者做出宽恕决定之前，而宽恕之后的研究尚显缺乏，即在宽恕发生以后，从冒犯者角度进行的相关研究尚比较缺乏。因此，对该问题的研究有利于完善冒犯者角度的宽恕研究。

第二，尽管在宽恕发生以后从冒犯者角度进行的相关研究尚比较缺乏，但综合第一章内容可知，一些相关的研究结论依然零散地分布于其他领域的研究中。然而，总结这些零散的研究结论可以发现，它们之间有着明显的矛盾之处：从人际层面而言，从不同的理论甚至是从相同理论的不同角度出发，可以推论出完全相反的结论。例如从某些理论出发，我们可以认为冒犯者在得到被冒犯者的宽恕后，会进一步侵犯对方；而从另一些角度出发，我们可以推论出，冒犯者在得到宽恕后，会停止对对方的再次伤害（表2-1）。可见，对该问题进行深入的研究，也有利于对这些矛盾的结论加以澄清和解释。

表2-1　从不同理论和角度对人际层面宽恕结果的推论

| 推论角度 | 推论条件 | 推论结果 |
|---|---|---|
| 宽恕与和解的联系：有密切联系 | 宽恕意味着重建与冒犯者之间的关系，如若不宽恕，冒犯者会认为他们之间的关系已经不可修复了（Holeman，2004） | 宽恕会降低进一步侵犯的可能性 |
| 人际互动的角度 | 条件1：宽恕传递出的是一种友善的姿态（Exline & Baumeister，2000）<br>条件2：人们更倾向于对友善的态度做出友善的行为（Cialdini，1993） | 宽恕会降低进一步侵犯的可能性 |
| 公平理论（equity theory） | 条件1：宽恕意味着被冒犯者放弃对冒犯者的不满和怨恨，这使得冒犯者产生对被冒犯者的内疚（Kelln & Ellard，1999）<br>条件2：内疚被认为是修复人际关系的重要因素（Ferguson，Brugman，White，& Eyre，2007） | 宽恕会降低进一步侵犯的可能性 |
| 自我宽恕理论（self-forgiveness） | 条件1：被冒犯者的宽恕有可能会造成冒犯者对自我的宽恕（Wallace等，2008）。<br>条件2：很多研究都认为，自我宽恕可以促进个体的亲社会行为 | 宽恕会降低进一步侵犯的可能性 |
| 推论角度 | 推论条件 | 推论结果 |
| 宽恕与和解的联系：是两个不同的概念 | 混淆两者的关系会导致"伤害—道歉—和解—再伤害—再道歉—再和解"的恶性循环（Stover，2005） | 宽恕会增加进一步侵犯的可能性 |
| 对宽恕的理解：懦弱与妥协 | 非宽恕的行为可能会使冒犯者认识到侵犯行为是无法被容忍的（Leng & Wheeler，1979），相反宽恕行为则可能被认为是懦弱和妥协的表现 | 宽恕会增加进一步侵犯的可能性 |

对此，第一章的1.2.3部分列举了两组结论完全相反的研究，进一步分析

可以发现，这两组研究之所以会产生不同甚至是完全相反的结论，是因为两者都没有充分考虑其他可能的影响因素，即除了得到宽恕与否或者得到宽恕的程度以外，是否还有其他因素会影响冒犯者之后的行为。如果脱离这些可能的影响因素，孤立地研究两者之间的关系，那结论自然也会各有不同。因此，就研究内容而言，要澄清该矛盾，就要充分考虑可能存在的影响因素。

## 2.1.2 研究方法方面存在的问题

如前一章所述，针对宽恕的研究方法主要有三种，即测量法、访谈法和实验法。其中访谈法多作为研究的铺垫，通过访谈了解个体对于宽恕内涵的理解，在此基础上进行相应的研究。除此之外，宽恕的研究多集中于测量法。

通过对国内相关文献的检索和查阅后可以看到，国内研究宽恕的方法全部集中于测量法，即通过宽恕量表和其他心理学量表测查个体的心理特质与宽恕之间的关系。例如考察宽恕与人格（张登浩，罗琴，2011）、心理健康（张登浩，武艳俊，2012）、自尊（黎玉兰，付进，2013）、人际关系（刘会驰，吴明霞，2011）等因素之间的关系。这些研究可以在一定程度上反映宽恕与一些心理特质的关系，但通过短期的横向调查很难得到确切的因果关系。例如尽管多数研究都指出，宽恕和心理健康有密切的关系，但我们却无法确定，是宽恕的人心理更健康，还是心理健康的人更容易宽恕他人，抑或是某个其他因素同时影响个体的宽恕水平与心理健康水平？因此，这些研究对于宽恕理论应用的指导意义并不是很大。如果我们能确切地研究出某种因素决定了宽恕，我们就可以根据研究结果，进行相应的心理辅导与干预。例如，如果证明某种人格能够决定宽恕的水平，缺乏这种人格特质的个体更倾向于打击报复他人，那么我们就可以更有针对性地进行人格教育了。

进一步查阅国外的文献后可以发现，多数宽恕的研究也是基于量表的测量，考察宽恕与其他特质之间的关系。同时，一些国外的研究也提到了宽恕的实验研究，即在实验室情境下，通过对相关变量的严格控制研究宽恕。但是，这些实验室研究存在的问题在于，缺乏明确的实验范式，即实验没有统一的方法，实验中的宽恕的水平如何测量？如何说明宽恕与测量指标的关系？宽恕情境的标准化如何控制？这些问题都还需要进一步的思考。因此，Wallace（2008）指出，宽恕研究正面临着方法上的瓶颈，亟待我们对宽恕研究的方法加以革新。基于此，本研究拟采用囚徒困境的博弈范式，对冒犯者角度的宽恕结果进行研究。

## 2.2 本研究拟考察的问题及研究假设

本研究计划考察如下几个方面的问题：

第一，考察博弈范式，尤其是囚徒困境范式在宽恕研究中的运用。通过前面的分析可以知道，囚徒困境博弈范式可以也已经在宽恕研究领域有了初步的尝试，但无论是 Wallace 等人（2008）的研究，还是 Tabak 等人（2012）的研究，除了都有一些可取之处，也都存在一些值得改进的地方。例如前者的外部效度较高，但对宽恕的测量和描述不够客观具体，从而影响了研究的内部效度；后者弥补了前者对于宽恕测量的问题，但其外部效度还需要进一步提升。因此，本研究尝试将两者的方法加以结合，在保证内部效度的情况下，尽量提升其外部效度，使得研究更准确，说服力也能加强。

第二，从冒犯者的角度出发，考察宽恕的结果问题。通过对以往文献的总结可以发现，从人际层面出发，其研究结论或推论均存在矛盾之处。首先，就人际层面而言，从某些理论出发，可以推论出"宽恕会增加进一步侵犯的可能性"，然而从其他角度出发时，又可以推论出完全相反的结论（详见表2-1）。因此，本研究考察的第二个内容就是冒犯者在得到被冒犯者的宽恕后，是会再次伤害对方，还是不会再伤害对方。

第三，在澄清了冒犯者得到宽恕以后的行为后，其做出该行为的动机也值得探讨。例如，假设冒犯者在得到被冒犯者的宽恕后，其善待对方的程度更高，相反如果其没有得到对方的宽恕，那么他再次伤害对方的可能性则更

高，那么我们就有疑问：冒犯者为什么会这么做？是出于善待宽恕者的动机，还是出于报复非宽恕者的动机？这是本研究考察的第三个内容。

第四，在明确冒犯者得到宽恕后的行为及其动机后，本研究还拟考察冒犯者在得到宽恕后行为的机制，即宽恕是如何影响冒犯者之后的行为的。

## 2.3　研究意义

本研究计划运用博弈理论和囚徒困境范式从侵犯者的角度来研究宽恕的结果，在理论和实践方面都具有一定的意义：

在理论方面，由于以往相关的研究结论尚存在一些矛盾之处，因此使用恰当的方法对该问题进行进一步的研究，有助于对矛盾之处加以澄清。同时，如前所述，囚徒困境范式在宽恕领域的应用尚处于初步阶段，还存在一些值得改进的地方，本研究计划将该范式在以往应用中的一些值得借鉴的地方加以整合，形成较为合适的研究方案，更新宽恕研究的方法，使宽恕的研究方法更合理、更有效。

在实践方面，一方面，对于宽恕结果的研究，有助于指导个体的人际互动，尤其是涉及人际伤害的互动，帮助人们解答"我为什么要宽恕？"、"宽恕他以后，他再伤害我怎么办？"、"我该寻求宽恕吗？"等人际实践中常会遇到的问题，这对于化解人际矛盾、避免人际伤害具有一定的实践意义。

## 2.4　研究思路

本研究的研究重点是从冒犯者的角度出发，考察在得到被冒犯者的宽恕后，冒犯者在行为上有何变化。但很显然，这些行为的变化不仅仅受到得到宽恕与否的影响，必然还会受到一些其他因素的影响（例如人格因素、双方的关系、伤害的意图、报复的可能性等），为了确定这些因素，本研究首先通过质性研究，总结可能的因素，并将这些因素作为变量，放入后续的研究进行研究。

　　具体的研究思路及流程如下图。

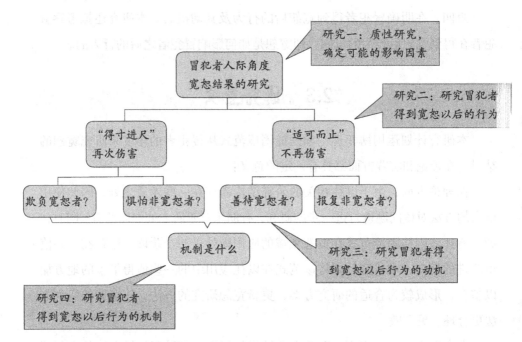

图 2-1　本研究的思路及研究流程图

# 第 3 章　研究一：冒犯者得到宽恕以后行为的影响因素研究

## 3.1　引言

　　冒犯者在得到被冒犯者的宽恕后，其行为会有怎样的变化？综合第一章内容可知，尽管直接的研究尚显缺乏，但一些相关的研究结论依然零散地分布于其他领域的研究中。然而，总结这些零散的研究结论可以发现，它们之间有着明显的矛盾之处：从人际层面而言，从不同的理论，甚至是从相同理论的不同角度出发，可以推论出完全相反的结论，例如从某些理论出发，我们可以认为冒犯者在得到被冒犯者的宽恕后，会进一步侵犯对方；而从另一些角度出发，我们可以推论出，冒犯者在得到宽恕后，会停止对对方的再次伤害。

　　对于为何会有这种矛盾结论的出现，有研究者认为原因在于研究的切入点不同（张田，丁雪辰，翁晶，傅宏，薛艳，2014）。如在基于被冒犯者角度的研究中，人格因素已被证明与宽恕有着密切的关系（Neto，2007；Peggy，Wertheim，& Kornblum，2008），那么人格因素在冒犯者角度的宽恕中是否也存在？不同人格特质的冒犯者，其对于对方宽恕的心理与行为反应是否也有差异？再如，基于被冒犯者的研究发现，双方的关系是宽恕发生与否的重要因素之一（Tse & Cheng, 2006），那么该因素是否也会影响冒犯者呢？在得到宽恕后，对于不同关系的被冒犯者，冒犯者是否会有不同的心理与行为反应？因此，相关的研究如果不涉及这些方面，就有可能导致新的研究只是对以往研究的重复，不同的只是结论罢了。

因此，本章的研究重点在于探讨冒犯者角度宽恕结果的影响因素，即在得到对方的宽恕后，冒犯者行为的变化受到哪些因素的影响。对于该问题的探讨，一方面能够明确这些影响因素，另一方面也能够为后续的研究提供研究变量，即将本章研究发现的影响因素纳入到后续的研究中，作为考察的研究变量，以使得研究中考察的因素更加完整。

对于该问题，本章研究采用质性研究（qualitative research）的方法，该方法强调研究者要深入社会现象之中，通过亲身体验了解研究对象的思维方式，在收集原始资料的基础上建立 "情境化的"、"主体间性" 的意义解释（陈向明，2000）。之所以选择质性研究的方法，一方面是因为，尽管量化研究能够比较快捷地解释 "是什么" 的问题，但对于问题的深入分析和解释尚显不足，特别是对于 "为何这样"、"怎样去做" 等问题，质性研究可能更加适合（王啸天，2009），而对于冒犯者角度宽恕结果影响因素的研究恰恰是 "为何这样" 的问题，即在得到被冒犯者的宽恕后，冒犯者为什么会有这样的行为反应；另一方面是因为，以往研究缺乏对于这些影响因素的探讨，在没有前期研究的基础上，使用量化研究对于该问题进行探讨本身就无从下手。

## 3.2　研究方法

### 3.2.1　研究方法

本研究采用质性研究方法中的访谈法，通过半结构式的访谈来了解个体在得到被冒犯者的宽恕后，有哪些因素会影响他行为的变化。

### 3.2.2 研究对象的抽样与选择

在质性研究中，最常用的抽样方法是"目的性抽样"，即按照研究的目的来选择能为研究提供最大信息的研究对象（Patton，1990），这种按照研究理论进行的抽样也被称为"理论性抽样"（Glasser & Strauss，1967）。关于目的性抽样，陈向明（2000）总结了九种根据样本特征进行的抽样方法（极端个案抽样、强度抽样、最大差异抽样、同质性抽样、典型个案抽样、分层目的抽样、关键个案抽样、校标抽样和证实证伪个案抽样）以及五种具体的抽样方式（滚雪球抽样、机遇式抽样、目的性随即抽样、方便抽样和综合式抽样）。

本研究选择最大差异抽样和滚雪球抽样相结合的抽样方法。其中最大差异抽样指的是抽出的样本要尽可能地覆盖所研究的群体，滚雪球抽样指的是通过抽取出的被研究者来进一步发现其他被研究者，例如在得到某一样本后，可以询问他："您还知道有谁对这一情况比较了解吗？"、"您觉得我还可以向谁了解这一情况？"之所以选择使用这两种抽样方式相结合的方法，原因如下。

首先，滚雪球抽样能够较快地抽取研究对象，使得信息达到饱和状态，同时滚雪球抽样得到的样本被试通常是通过熟人、朋友介绍而来，能够提高被研究对象在研究中的配合度，有利于研究的开展。其次，本研究的对象并非特殊人群，因而有必要采用恰当的抽样方法来抽取出具有广泛代表性的样本，故选择最大差异抽样。第三，也正是由于滚雪球抽样选择的样本通常是由熟人、朋友介绍而来，可能导致他们会具有同一类特征，进而影响样本的代表性。故为了保证样本的代表性，本研究在使用滚雪球抽样的同时，还结合了最大差异抽样的方法，选择不同的差异因素对样本进行筛选，在兼顾性别、年龄、婚姻状况、学历、地区和职业等几个方面的因素后，最终选择了8

名访谈对象，具体情况如下表。

表 3-1　研究对象的基本情况

| 姓名缩写 | 编码 | 性别 | 年龄 | 婚姻状况 | 学历 | 籍贯 | 职业 |
|---|---|---|---|---|---|---|---|
| ZMY | F1 | 女 | 19 | 未婚 | 本科 | 江苏苏州 | 大学生 |
| HY | F2 | 女 | 28 | 已婚 | 本科 | 江苏淮安 | 国企职员 |
| LL | M3 | 男 | 34 | 已婚 | 博士 | 江苏南京 | 医生 |
| XL | F4 | 女 | 45 | 离异 | 初中 | 安徽合肥 | 工厂工人 |
| PY | F5 | 女 | 24 | 未婚 | 大专 | 江苏南京 | 医护人员 |
| SH | F6 | 女 | 27 | 已婚 | 硕士 | 江苏无锡 | 大学教师 |
| TL | F7 | 女 | 51 | 已婚 | 高中 | 山东济南 | 退休 |
| ZXN | M8 | 男 | 54 | 已婚 | 高中 | 江苏南京 | 个体工商户 |

注：为保护访谈对象的隐私，其姓名均用字母代替。

### 3.2.3　研究工具

根据研究目的，首先编制了初步的半结构化访谈提纲，并利用该提纲对2名在校大学生进行了预访谈，将访谈结果和被访谈者的反馈与专家和同行讨论后，通过进一步的修改和完善，形成最终的访谈提纲。最终的访谈提纲包括五个问题，分别用于调查人口学基本信息、伤害事件、宽恕与否、心理层面和行为层面五个方面，具体问题如下。

（1）人口学信息：请您介绍一下您的个人信息。（2）回忆伤害事件：请您回忆一下，在您的个人经历中，有没有做过伤害他人的事情？请描述一下您印象最深刻的一件。（3）宽恕与否：在这件事情发生以后，他是否宽恕了您？您是怎么知道他已经宽恕您了（或没有宽恕您）？（4）行为层面：在得到（或没有得到）他的宽恕后，您做了什么？您会因为宽恕（或没有宽恕）的结果而再次对他做相同的事情吗？哪些因素导致了您在得到（或没有得到）宽恕后再次伤害（或不再伤害）他？（5）动机和机制：请描述一下你做出这一行为的原因和过程。

## 3.2.4 研究过程

### 3.2.4.1 访谈前的准备

被访谈者按照事先约定的时间和地点[①]赴约。访谈正式开始之前，首先向被访谈者说明以下几点：一是介绍大致的访谈程序（包括大致的访谈时间、访谈的形式、被访谈者的权利、参与访谈可以得到的回馈等）；二是申明被访谈者是自愿参与的，并可以随时退出访谈；三是向被访谈者明确做出保护其隐私的承诺；四是和被访谈者商定录音、笔记等形式（研究中，八名被访谈者均同意使用录音设备进行录音）；最后在此基础上请被访谈者签署访谈研究的知情同意书。

### 3.2.4.2 访谈中的操作

访谈正式开始后，按照制定好的半结构化访谈提纲对被访谈者进行访谈，访谈过程中以访谈提纲为提示，通过"您的意思是？"、"能请您具体描述一下吗？"、"您是如何做出这样的判断的？"、"能举个例子说一下吗？"等半结构式的提问来提示并鼓励被访谈者畅所欲言，尽可能多地提供相关信息。在本研究中，八名被访谈者的访谈时间分别为 23 分钟、34 分钟、39 分钟、28 分钟、22 分钟、40 分钟、25 分钟和 37 分钟，平均访谈时间为 31 分钟。访谈结束后，向每名被访谈者赠送礼品表示感谢。

### 3.2.4.3 访谈后的工作

访谈结束后的研究工作主要包括研究文本的生成、对文本资料的分析研究以及对研究的评估。

---

① 由于本研究选择的被访谈者年龄、职业等因素比较分散，故很难像大部分学生被试的研究一样，在统一的教室或实验室进行访谈。本研究中，访谈地点包括学校的教室、实验室，以及部分被访谈者的办公室。为排除不同的环境对研究的影响，事先与被访谈者商定，在访谈过程中排除外界的干扰，如手机关机、访谈期间不处理其他事务等。

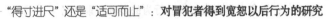

首先，访谈结束后，将录音文件逐字逐句地转换成文本文件，研究者首先根据录音对转化的文本文件进行校对，再将文本文件交由受访者校对核实。最后共形成 8 个文本文件，每个文本文件记录了一名受访者的访谈资料。最终整理完毕的文本资料共 38795 字，平均每个文本资料包含4849.38 字。

其次，针对整理好的文本资料进行分析研究。陈向明（2000）建议，对资料的分析可以分成以下几步：一是阅读原始资料，寻找资料中的意义；二是登录和编码，并建立编码和归档系统；三是对编码资料进行归类和深入分析。

最后，要对访谈研究进行评估。按照陈向明和林小英（2004）的建议，对于质性研究的评估，可以先从以下三个方面入手：一是研究的效度，即要分析在研究过程中，研究效度受到了哪些因素的 "威胁"，以及研究者是如何处理这些 "威胁" 的；二是研究的推论问题，即研究结果的代表性问题；三是研究的伦理道德问题，如自愿原则、保密原则、回报原则等问题在研究中是否有所考虑。

### 3.2.5 资料的整理与分析

如上文所述，在文本生成后，要对文本资料进行分析，其步骤包括阅读原始资料、登录和编码以及对编码资料进行归类和深入分析。

首先，结合访谈中的笔记对原始文本进行反复、仔细的阅读，给文本资料赋予意义。按照陈向明（2000）的建议，在阅读文本资料时采取了 "主动投降"的态度，即研究者应该暂时将自己预先设置的判断、价值标准等悬置起来，让资料自己 "说话"。此外，Lofland（1971，转引自陈向明，2000）还建议，在阅读原始资料时，研究者不仅要向原始资料 "投降"，还要向自己在与原始资料互动过程中产生的感悟和想法 "投降"，因为即便文本资料是 "死" 的，但研究者的感悟和想法是 "活" 的，面对同样的资料，研究者的阅读情境、人生经验、阅读能力等因素不同，也会产生不同的感悟和想法。

其次，在阅读的过程中对文本进行登录和编码，并在建立编码和归档系统的基础上，对编码资料进行归类和深入分析，即上文提及的步骤二和步骤三。在该过程中，Glaser 和 Strauss（1967）建议使用开放式编码（open coding）和持续比较法（Constant Comparative）：开放式编码指的是对原始文本资料反复阅读，通过多遍的阅读，在文本资料中寻找有意义的单元，即文本资料意义化的过程。例如将原始文本资料按照最小的意义单元进行编码为 F1-9、M3-10、M8-7 等，其中 F 和 M 表示受访者的性别，字母后的数字表示其受访的顺序，"-"后的数字表示该编码是该受访者的第几个意义单元。

持续比较法指的是将编码的原始材料反复对比推敲，分成不同的类属，并在分类的过程中继续反复比较，以保证不同类属间的差异最大化。而不同类属间的关系建立起来后，我们还可以发展出"核心类属"和"下属类属"，其中前者能够统领在意义上其包含的类属，后者用来表述其上位类属所包含的意义维度。例如陈向明（2000）在其著作《质的研究方法和社会科学研究》一书中举了这样一个例子：用人单位对于"合格的大学生"这一概念有着不同的理解，但总结看来，无非就是"做人"和"做事"两个方面。其中"做人"又包括敬业、道德、团队配合等，"做事"又包括知识、能力、灵活性等，这里"做人"和"做事"就是"合格的大学生"的两个核心类属，敬业等就是这两个核心类属的下属类属。

## 3.3　研究结果

### 3.3.1　对于访谈的总体描述

访谈的主要内容如表 3-2 所示，包括受访者所描述的伤害对象、是否得到对方的宽恕，以及在人际层面的行为选择。

表 3-2　访谈的主要内容和结果

| 编码 | 伤害对象 | 宽恕与否 | 人际层面的结果 |
|------|----------|----------|----------------|
| F1 | 恋人 | 是 | 不再伤害 |
| F2 | 父母 | 是 | 不再伤害 |
| M3 | 病人 | 不确定 | 再次伤害 |
| F4 | 丈夫 | 否 | 不再伤害 |
| F5 | 同事 | 否 | 不再伤害 |
| F6 | 朋友 | 是 | 不再伤害 |
| F7 | 陌生人 | 是 | 再次伤害 |
| M8 | 生意伙伴 | 是 | 不再伤害 |

### 3.3.2　得到宽恕后行为影响因素类属的划分

通过阅读原始资料、登录和编码以及对编码资料进行归类和深入分析，原始文本资料可分成以下类属（图 3-1）。其中对于影响因素的分析，有关人际层面影响因素的文本资料，可以划分出四个核心类属，分别是"双方关系"、"人格特质"、"报复可能"和"伤害意图"，其中"双方关系"、"报复可能"和"伤害意图"又包含熟悉和陌生、有可能和无可能、有意和无意的下属类属。

图 3-1　文本资料的类属划分

### 3.3.3　具体类属的分析

如图 3-1 所示，对于影响得到宽恕后行为的因素，文本资料可以划分成四个核心类属，分别是双方关系、人格特质、报复的可能性和伤害意图。

### 3.3.3.1　双方关系

双方关系指的是冒犯者与被冒犯者之间的人际关系情况，包括熟悉和陌生两个下属类属。在本研究中，熟悉的人际关系包括亲人、朋友、同事、情侣等，陌生的人际关系指的是在伤害事件之前双方并不认识，面对不同的人，受访者会选择不同的行为反应。例如，

F2："当然不会再伤害他们啦！他们是我爸妈呀，已经错过一次了，哪能再说那种话呀！肯定不会了。"

F4："不会的，虽然我们都离婚了，夫妻一场，老话说一日夫妻百日恩，好聚好散嘛。"

F7："不好意思归不好意思，但毕竟关系到自己的利益，再说了，我们相互又不认识，这辈子多半是不会再见了，说实话，再来一次的话我应该还会这么做。"

### 3.3.3.2　人格特质

人格特质指的是冒犯者由于自己的性格、人格等方面的因素，对被冒犯者宽恕或不宽恕的决定产生不同的行为反应，拥有不同人格特质的受访者，其面对对方的宽恕（或不宽恕），常常也会有不同的行为反应。例如，

F1："我前面也说了，我是个知道感恩的人，他既然都原谅我了，我当然不会再做对不起他的事。"

F4："而且我也不是个纠缠不清的人，我这人就这样，过去就过去了，我不喜欢一点事一直想来想去，离都离了，大家各过各的。"

F5："我这人没什么攻击性，这事儿本身也不是故意的，虽然他没原谅我，我也挺不爽的，但我再故意去伤害他，那不是我处事的风格，顶多大家做不了朋友，少他一个朋友有什么关系。"

### 3.3.3.3　报复可能

报复的可能指的是冒犯者在伤害对方后，面对对方可能的报复，会有不

同的行为反应。从访谈来看，当存在报复的可能性时，冒犯者不会选择再次伤害对方，相反地，如果被冒犯者有可能报复冒犯者，那么后者可能就不会再次伤害对方。例如，

M8："再对他干同样的事？应该不会了……为什么？那还用说，大家都在生意上混，哪天他也这样'给我一刀'，我还受得了啊。"

M3："反正谁也不认识谁，他能拿我怎么样呢？"

F6："肯定不会再这样啦，我都说了，他还是拿我当朋友的，我还蛮感动的，怎说呢？再伤害他？那不是得寸进尺啊，回头他也这样对我，把人逼急了，以牙还牙的事，说不准哦。"

#### 3.3.3.4　伤害意图

伤害意图指的是冒犯者是否是有意地对被冒犯者进行伤害，对于不同的伤害意图，冒犯者也会产生不同的行为反应。例如，

F5："再伤害他？不会的吧，我都说了，我不是故意的，再来一次我肯定注意，没必要和他产生这样的矛盾嘛。"

M3："我本来就打算这么做的，说实话，再来一次我肯定还这样。"

F7："再来一次啊？我可能还会这么做吧，就像我前面说的，这也关系到自己的利益啊，那次我就是故意这么做的，所以再来一次的话……嗯……我估计还是会这么做。"

### 3.3.4　研究的效度分析

根据 Maxwell（1992）的分类，研究效度可以分为描述性效度、解释性效度、评价性效度和推广性效度。其中描述性效度指的是研究能否准确描述研究的内容和现象，解释性效度指的是研究能否准确解释收集到的资料和信息，评价性效度指的是研究者对于研究结果做出的价值判断是否合理，推广性效度指的是研究能否推论到其他群体或领域。其中，本研究的目的在于通过访谈总结和归纳可能影响冒犯者在得到宽恕以后的心理与行为的影响因素，而没

有对个体的这些心理与行为做价值判断和评价，故在评价中去除评价性效度。

本研究采用参与者评价和专家评价相结合的方式对研究的效度进行分析，请参与访谈的受访者对研究初稿进行评阅性阅读，八名受访者中有五名参与了评阅性阅读。另外，邀请两位专业人士（一名心理学博士，一名心理学副教授）对研究初稿进行评阅性阅读。评价采用 5 级评分，其中 1 表示很差、2 表示较差、3 表示一般、4 表示较好、5 表示很好，评价结果如表 3-3。

**表 3-3　评阅性阅读评价结果**

| 效度类型 | 检验项目 | 评价得分 | | | | | | | |
|---|---|---|---|---|---|---|---|---|---|
| | | 参与者 1 | 参与者 2 | 参与者 3 | 参与者 4 | 参与者 5 | 专家 1 | 专家 2 | 均分 |
| 描述 | 本研究对于人们在得到宽恕以后的心理和行为反应的影响因素的描述是否真实 | 4 | 5 | 4 | 5 | 5 | 4 | 4 | 4.43 |
| 解释 | 本研究对于这些影响因素的总结和归纳是否合理 | 5 | 5 | 5 | 4 | 5 | 4 | 5 | 4.71 |
| 推广 | 本研究是否适用于其他大部分人 | 4 | 5 | 5 | 4 | 5 | 4 | 5 | 4.57 |

# 3.4　讨论

## 3.4.1　对于影响因素的归纳

经过访谈研究，本研究初步得出了影响冒犯者在得到宽恕以后行为反应的影响因素，其中影响行为反应（冒犯者是否会再次/进一步伤害对方）的因素包括双方关系、人格特质、伤害意图和报复的可能性。这些可能的影响因素与被冒犯者角度的宽恕研究结果相一致，在从被冒犯者角度进行的宽恕研究中，这些因素也会影响被冒犯者的宽恕。例如，对于人际关系这一因素，Tse 和 Cheng（2006）的研究发现，在面对严重的侵犯事件时，人们对于"最好的朋友"的宽恕程度要显著高于"熟人"；对于人格特质这一因素，Neto（2007）在总结了以往的相关研究后指出，人格是影响个体宽恕的一个重要因素；对

于报复这一因素，Tabak 等人（2012）指出，报复和宽恕本身就是相互联系的，是个体面对伤害时的两种常见的应对方式；对于伤害意图这一因素，Girard，Mullet 和 Callahan（2002）的研究发现，面对无意的伤害，人们往往会给予较高的宽恕，而面对有意的伤害，个体的宽恕程度往往较低。

此外，本访谈研究的目的在于通过访谈归纳可能影响被冒犯者在得到宽恕以后行为反应的影响因素，为后续的实验研究提供变量基础。基于此目的，在后续的实验研究中，以上因素可以作为变量引入实验，其中人际层面的实验包含四个变量，分别是人际关系（可以包含熟人和陌生人两种处理）、人格特质（可以包含高宜人性特质和低宜人性特质两种处理）、伤害意图（可以包含有意伤害和无意伤害两种处理）和报复的可能性（可以分为有报复的可能性和无报复的可能性两种处理）四个变量。基于访谈的结果，并结合被冒犯者角度的宽恕研究，我们可以形成以下研究假设。

研究假设 1：在得到被冒犯者的宽恕后，冒犯者对于熟悉的人会停止进一步的伤害，而对于陌生人则会再次给予伤害；

研究假设 2：在得到被冒犯者的宽恕后，不同人格特质的冒犯者会有不同的行为反应，例如高宜人性特质的冒犯者会停止对被冒犯者的进一步伤害，而低宜人性特质的冒犯者则会再次给予伤害；

研究假设 3：在得到被冒犯者的宽恕后，有意伤害被冒犯者的冒犯者会再次伤害对方，而非有意伤害被冒犯者的冒犯者不会再次伤害对方；

研究假设 4：在得到被冒犯者的宽恕后，如果对方有报复的可能，那么冒犯者不会再次伤害对方，如果被冒犯者没有报复的可能，那么冒犯者则会再次伤害对方。

### 3.4.2　研究的推论性

首先，根据效度检验的结果可知，五名参与者和两名专家均认为本研究的推广性效度较好（均分为 4.57），说明本研究适合其他大部分人群。此外，还可以从内部推论和外部推论两个方面来分析研究的推论性（Maxwell，1992）。其中前者指的是研究的结果能够代表研究样本的情况，类似于量化研究中的内部效度；后者指的是本研究结果可以运用到本研究样本以外的同类群体的情况，类似于量化研究中的外部效度。

提高内部推论性的本质就是提高访谈研究的真实性（陈向明，2000），因此在访谈中一方面通过反复强调保密原则，促使他们能够真实地说出自己的经历和想法，尤其是在受访者出现犹豫、欲言又止等情况的时候，保密原则往往能够化解受访者的顾虑；另一方面，在研究中通过录音设备和笔记备忘录相结合的方法，尽可能地记录受访者表达出的信息，例如录音设备可以完整地记录下受访者所说的话，但伴随话语而产生的表情、动作等信息则需要通过笔记备忘录的形式加以记录，为后续的分析提供重要的依据。

提高外部推论性关键要考虑研究的目的所在（陈向明，林小英，2004），如果研究的目标人群是某一特殊群体，那么研究推论的范围限定在该群体即可，而如果研究的目标群体是普通大众，那么研究的推论范围就需要更广。本研究考察冒犯者在得到宽恕以后的心理与行为反应，并非针对某一特殊群体，因此在选取受访者的时候通过滚雪球抽样和最大差异抽样相结合的方式，尤其是最大差异抽样，综合年龄、婚姻状况、学历、职业、籍贯等因素，尽可能覆盖较大的人群范围，从而提高访谈研究的外部推论性。

## 3.4.3　关于伦理因素的考虑

与其他研究一样，质性研究也有研究者必须遵守的伦理原则和道德规范，对于质性研究的伦理道德问题，陈向明（2000）认为可以从以下几个方面加以考虑：

一是自愿和不隐蔽原则，指的是研究应当征得受访者的同意，并向其说明研究的大致情况。在访谈开始之前，研究者首先向被访谈者介绍大致的访谈程序（包括大致的访谈时间、访谈的形式、被访谈者的权利、参与访谈可以得到的回馈等），并申明被访谈者是自愿参与的并可以随时退出访谈。

二是尊重个人隐私和保密原则。在访谈开始之前和访谈中反复向受访者强调其在访谈中所说的一切均会被保密，不会有其他人知道，在形成研究报告时，其个人信息也会被隐去或妥善地处理。当然，如果在反复强调保密原则的情况下，受访者仍然不愿意谈论某些事情，那研究者也不会强迫其说出来。

三是公正合理原则，指的是研究者要公正地对待受访者，合理地处理与受访者的关系。公正地对待受访者表现在访谈者对受访者的态度和评价上，对于不同背景、不同经历、不同性格等的受访者，应当一视同仁。例如在本研究中，有的受访者是离异的，有的受访者曾做了违背道德的事情，研究者对此不应妄加批判。此外，还要合理地处理与受访者的关系，例如兑现承诺，在访谈结束时，研究者曾答应每位受访者，将整理出的文本资料和论文初稿发与他们查看，实际研究中，在文本资料整理完成和论文初稿形成后，研究者也的确将其发他们查看，并根据他们的反馈意见，对文本资料和论文初稿做了修改。

四是公平回报原则，指的是研究者应当对被研究者提供的帮助表示感谢，不应当让对方产生"被剥夺"感。在本研究中，访谈结束后，每名受访者均得到一定的钱，并为其报销来回路费。

### 3.4.4　可能影响效度的因素及控制方法

尽管表 3-3 显示，本研究的效度较好，但仍有一些可能影响研究效度的问题需要指出：首先，访谈者和受访者的关系是影响研究效度的可能因素之一。在选择受访者时，研究者采用了"滚雪球"的抽样方法，这使得研究者和受访者之间或多或少存在一定的关系，例如朋友的朋友、朋友的亲戚等，这在一定程度上阻碍了受访者向研究者袒露心声，尤其是谈论到一些隐私的话题时，受访者可能不愿意深入地交流，例如受访者对他人做过一些不道德的事情。因此，在研究中，保密原则被反复提及，其目的就在于打消受访者的顾虑，鼓励其尽量说出自己真实的经历和想法。

其次，访谈反向也是影响研究效度的可能因素之一，所谓访谈反向指的是受访者就自己关心的问题反过来向访谈者进行提问和访谈，从而使得访谈脱离主题。在本研究中也出现了该现象，例如在对受访者 F4 进行访谈时，她对研究者的心理学背景很感兴趣，并希望得到心理学专业的帮助。

F4："我现在的状态是不好，我也知道，看到别人家一家三口过得蛮好，小孩也争气，我也羡慕啊（叹气）。对了，你说你是学心理学的吧？我看电视上搞节目都喜欢请一些心理学家来分析。非诚勿扰你知道吧，江苏台那个相亲的，里面那个乐嘉不是搞心理学的嘛，讲话也蛮在理的，你也给我心理咨询咨询吧，我觉得我真的需要咨询一下了。"

面对访谈反向的问题，要通过一定的方式将访谈拉回到访谈主题上，而不能使访谈偏离主题。例如，

对 F4 的回答："实在抱歉，其实心理学分很多种，您说的应该是属于心理咨询的范围，但我对这方面研究还不多，可能没法帮到您。不过您如果能把具体的情况说一下，我也许能根据您的情况帮您推荐比较适合的咨询师，比如他后来宽恕您了吗？"

第三，访谈环境对效度也存在影响。如前文所述，由于本研究选择的被访谈者年龄、职业等因素比较分散，故很难像大部分学生被试的研究一样，在统一的教室或实验室进行访谈。本研究中，访谈地点包括学校的教室、实验室，以及部分被访谈者的办公室（其中，对于 M3 和 M8 的访谈是在他们各自的办公室中进行的）。尽管为排除不同的环境对研究的影响，事先与被访谈者商定，在访谈过程中排除外界的干扰，如手机关机、访谈期间不处理其他事务等，但由于环境的影响，尤其是 M3 和 M8 两位受访者办公室的环境远不及学校的教室和实验室那么安静，故访谈过程和录音效果均受到一定的影响。为排除这一影响，在访谈中尽可能详细地记录备忘录，并在事后整理文本资料的过程中，反复收听录音，以求真实记录下他们表达出的信息。

# 第4章 研究二：冒犯者得到宽恕以后行为的研究

## 4.1 引言

　　冒犯者在得到被冒犯者的宽恕后，其行为会有怎样的变化？综合第一章内容可知，尽管直接的研究尚显缺乏，但一些相关的研究结论依然零散地分布于其他领域的研究中。然而，总结这些零散的研究结论可以发现，它们之间有着明显的矛盾之处：从不同的理论，甚至是从相同理论的不同角度出发，可以推论出完全相反的结论。例如从某些理论出发，我们可以认为冒犯者在得到被冒犯者的宽恕后，会进一步侵犯对方；而从另一些角度出发，我们可以推论出，冒犯者在得到宽恕后，会停止对对方的再次伤害。

### 4.1.1 直接研究的矛盾之处及分析

　　同时，在为数不多的针对该问题进行的研究中，其结果也完全不一样。例如：Wallace，Exline 和 Baumeister（2008）的研究就显示，冒犯者在得到被冒犯者的宽恕后不会再次伤害对方，而 McNulty（2008，2010，2011）的一系列研究则显示，冒犯者在面对宽恕倾向更高的被冒犯者时，其消极行为会更多。

对比 Wallace 等人和 McNulty 的研究可以发现，他们采用了完全不同的研究方法：前者针对该问题采用了三种研究方法，分别是实验法、真实情境回忆法和虚拟情境模拟法；后者则主要采用问卷研究。针对宽恕研究的方法，Wallace 等人（2008）就提出，宽恕研究正面临着方法上的瓶颈，一方面，宽恕意味着伤害，没有伤害也就不存在宽恕，因此宽恕的实验研究面临着伦理的挑战，需要在实验研究中充分考虑伤害情境对被试的不利影响；另一方面，传统的问卷研究也面临着新的问题，尽管一些新的统计技术（如结构方程模型、交叉之后分析等）的使用能够使得问卷研究在一定程度上焕发新的活力，但问卷研究本身的局限依然限制了研究的精确性。因此，在宽恕领域的研究中，亟待我们在方法上加以革新。

在此基础上分析 Wallace 等人和 McNulty 使用的方法可以发现，无论是实验研究，还是情境研究，抑或是问卷研究，都存在一定的局限之处：对于实验法而言，如第一章所述，Wallace 等人使用的实验研究存在两个问题，首先，冒犯者对于被冒犯者的伤害是"迫选"产生的，那么这种伤害是否出于真心就值得商榷了。第二，该研究中囚徒困境范式的目的是创设伤害情境，但也仅限于此，没有将宽恕与否与实验范式结合起来，即被冒犯者的宽恕是由其话语表达出来的，而不同被试对于话语的主观理解可能是不一致的，同样面对"你出什么问题啦！你太伤害我了！记住啊，如果我们都合作的话，我们就都能获得一些奖金"这样的表述，可能有被试认为这是非宽恕的表述，但可能也有被试认为这是宽恕或中性的表述，如果出现这样的理解偏差，那么实验的处理就不恰当了。对于情境法而言，无论是真实情境的回忆还是虚拟情境的模拟，其真实性和客观性都不及实验法。对于 McNulty 使用的问卷法，也存在两个问题，一是前文所述的问卷法本身的局限之处，二是 McNulty 在研究中通过问卷测量的是宽恕倾向，而非真正的宽恕行为。宽恕倾向更多地指被冒犯者的宽恕特质，即人格方面的特质（McCullough，2000），而宽恕行为则指的是外在的行为，尽管内在的人格特质与外在的行为有一定的关系，但不能将两者混淆。可见，要澄清这两组研究的矛盾之处，有必要在研究方法上加以改进。

### 4.1.2 间接研究的矛盾之处及分析

如前所述，除了这两组直接针对该问题的研究存在矛盾之处，零散分布于其他领域研究中的相关结论，即相关的间接研究也存在矛盾之处。总结相关文献，可以从以下三个角度对此进行分析：

首先，从宽恕与和解的关系出发。宽恕与和解（reconciliation）是宽恕研究的重要内容之一，大部分宽恕的研究者都认同宽恕并非一定要包含和解的成分，两者是完全不同且彼此独立的概念，当受害者选择宽恕侵犯者时，并不意味着他们要修复受损的人际关系（de Wall & Pokorny，2005；Reed，Burkett，& Garzon，2001；Worthington，Sharp，Lerner，& Sharp，2006）。所以，如果被冒犯者将宽恕与和解等同起来，宽恕的决定往往会将其带入"伤害—和解—再伤害"的恶性循环，从而导致进一步的伤害。而当被害者能够将两者区分开，在宽恕侵犯者的同时，避免将自己陷入危险的人际关系中，则有利于其释放不良情绪，同时避免受到进一步的伤害。

其次，从自我宽恕的理论出发。总结自我宽恕与人际关系发展的研究可以看出，大部分研究都支持自我宽恕能够促进亲社会行为的发展（Ross，Hertenstein，& Wrobel，2007；Thompson，Snyder，& Hoffman，2005）。尽管也有研究指出自我宽恕会导致自恋（Thompson et al.，2005）、攻击（Zechmeister & Romero，2002）等反社会行为，但这并不能反驳自我宽恕对亲社会行为的作用，一方面，自我宽恕也存在虚假和真实之分，前者更多的是自我责任的推脱，而后者对于其自身和受害者都具有积极的作用（Woodyatt & Wenzel，2013）；另一方面，Fisher 和 Exline（2006）认为，当前用于自我宽恕的测量工具存在不足，不能很好地区分懊悔与自责，不能确定个体是否承担相应的责任，甚至不能区分自我宽恕与自我开脱。因此，从这个角度出发，自我宽恕的确有助于双方关系的改善，能够降低被害者受到进一步伤害的可能性。

第三，从双方人际互动的角度出发。认为宽恕会减少进一步伤害的研究认为，被害者的宽恕表现出的是一种友好的姿态，而人们更愿意对友善的姿态做出友善的回应（Tabak et al.， 2012）。相反，认为宽恕会增加进一步伤害的研究则认为，被害者的宽恕会被看作是懦弱的表现，从而容易受到再次的伤害。但是，大部分研究均不认可该观点，例如潘知常（2005）分别从中西方文化的角度分析了宽恕，他认为西方的宽恕是出于"爱"，而中国的文化中的宽恕是出于"善"，而不是一味地妥协和退让。McCullough 等人（2011）认为，宽恕和非宽恕（如报复侵犯者）只是应对伤害的不同策略而已，不存在对错之分。可见，宽恕并不是懦弱的表现，并且宽恕所表现出的友善姿态，能够带来友善的回应。

综合这三点分析可见，尽管这些间接的研究存在不同的结论，但支持宽恕会降低被冒犯者受到再次伤害的理由似乎更充分一些，因此本研究假设：在得到被冒犯者的宽恕后，冒犯者不会再次伤害被冒犯者。

### 4.1.3　本研究的设计

文献综述章节提到，囚徒困境博弈范式已经开始运用于独立的宽恕研究（Tabak et al.，2012；Wallace et al.，2008），但仍然还有一些值得改进的地方，同时考虑到 Wallace 等人（2012）和 McNulty（2008，2010，2011）的研究在研究方法上的不足之处，因此本研究计划使用囚徒困境范式来研究宽恕的结果问题。

此外，研究一发现，双方关系、人格因素、报复的可能性和伤害意图是可能影响冒犯者在得到宽恕以后的行为的因素，因此本研究将这四个因素纳入研究，其中将双方关系、报复的可能性和伤害意图作为三个变量进行操纵，人格因素作为一个人格特质，使用相关的人格量表进行测量，从而形成三个

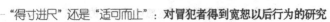

2×2的实验设计<sup>①</sup>以及一个问卷研究，三个2×2的实验设计分别是宽恕与否（宽恕、不宽恕）×双方关系（熟悉、陌生）、宽恕与否（宽恕、不宽恕）×报复的可能性（有报复的可能性、没有报复的可能性）和宽恕与否（宽恕、不宽恕）×伤害意图（故意伤害、无意伤害），通过这三个实验考察这三个因素对冒犯者角度的宽恕结果的影响。此外，通过相关的人格量表考察人格因素对冒犯者角度的宽恕结果的影响。

据此，结合质性研究的结果，进一步细化研究假设，本研究作如下假设。

研究假设a：在得到被冒犯者的宽恕后，冒犯者对于熟悉的人会停止进一步的伤害，而对于陌生人则会再次给予伤害（对应研究一的讨论部分提出的研究假设1）；

研究假设b：在得到被冒犯者的宽恕后，不同人格特质的冒犯者会有不同的行为反应，例如高宜人性特质的冒犯者会停止对被冒犯者的进一步伤害，而低宜人性特质的冒犯者则会再次给予伤害（对应研究一的讨论部分提出的研究假设2）；

研究假设c：在得到被冒犯者的宽恕后，有意伤害被冒犯者的冒犯者会再次伤害对方，而非有意伤害被冒犯者的冒犯者不会再次伤害对方（对应研究一的讨论部分提出的研究假设3）；

研究假设d：在得到被冒犯者的宽恕后，如果对方有报复的可能，那么冒犯者不会再次伤害对方，如果被冒犯者没有报复的可能，那么冒犯者则会再次伤害对方（对应研究一的讨论部分提出的研究假设4）。

## 4.2　预实验

尽管本研究主要拟通过囚徒困境范式来研究冒犯者行为角度的宽恕结

---

① 之所以选择三个2×2的实验，而非一个2×2×2×2的实验，主要基于以下几点考虑：（1）本研究考察的重点是宽恕与各个变量的关系，而非各个变量之间的关系；（2）2×2×2×2的实验交互作用过多，实验结果难以解释；（3）2×2×2×2的实验过程过于复杂，额外因素不利于实验的控制。

果，但具体实验如何设计？设计中还有何需要改进之处？这些问题都值得进一步探讨。为此，首先在某大学选取 5 名大学生参与研究的预实验。预实验的主要目的并非收集实验数据，而是发现实验设计的不足，为后续的实验提供借鉴。

## 4.2.1　方法

### 4.2.1.1　被试

通过南京市某高校的辅导员在班级宣传后，随机选择 5 名愿意参与实验的大学生作为预实验的被试，其中女生 4 人，男生 1 人。预实验结束后，被试每人获得一定的现金报酬。

### 4.2.1.2　预实验的程序

本研究以囚徒困境范式为基本实验范式进行实验，具体研究程序如下。

实验中被试四人一组，进行一场答题游戏，其中一人为需要研究的被试（后文称为"真被试"），其他三人是研究者事先安排好的，帮助实验进行的"假被试"。答题游戏在学校的教室进行，场地设置如图 4-1 所示。

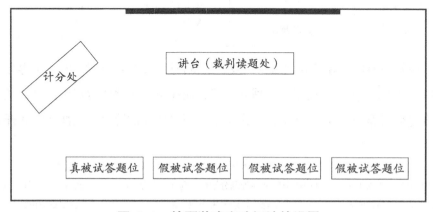

图 4-1　答题游戏实验场地的设置

预实验中，四人按顺序答题，共答题五轮。[①] 答题结束后，按照答题成绩，前三名进入第二轮游戏。其中假被试事先知道题目的答案，因此可根据真被试的答题情况，安排自己的答对题目的数量，以保证真被试以第一名的成绩进入第二轮游戏。例如，真被试五道题目中答对三题，假被试则可以安排自己答对两题或一题，从而保证真被试以第一名的成绩进入下一轮游戏。

在第二轮的游戏中，真被试分别对另两名假被试进行一场囚徒困境的博弈，具体实验设置如下：首先将被试在第一轮答题中答对的题目数换算成现金，10元/题，例如被试在第一轮答题中答对四题，则在该轮游戏中，他将有40元现金用于博弈游戏。在博弈游戏中，被试有"只要我的"和"全部都要"两个选择，这样就有四种结果（如下表，以每人有20元钱为例）：（1）两人都选择"只要我的"，那就各自获得各自的现金；（2）（3）如果一人选择"只要我的"，而另一人选择"全部都要"，那么后者不但能保住自己的现金，还能将前者的现金占为己有；（4）两人都选择"全部都要"，那么两人非但不能得到对方的现金，还将失去自己的现金。

表 4-1　博弈任务的结果

| A 的选择 （20元） | | B 的选择（20元） | |
| --- | --- | --- | --- |
| | | 只要我的 | 全部都要 |
| | 只要我的 | A 获得 20 元 B 获得 20 元 | A 获得 0 元 B 获得 40 元 |
| | 全部都要 | A 获得 40 元 B 获得 0 元 | A 获得 0 元 B 获得 0 元 |

该轮的博弈游戏又分成两轮，被试要将自己的现金（例如40元）等分成两份（各20元），各用于一次博弈游戏，而在每一次博弈游戏中，真被试继续将现金两等分（各10元），分别用于和两名假被试博弈。在博弈游戏开始

---

①　这五道题分别为历史题、地理题、体育题、娱乐题和常识题。为保证题目的准确性，五类题目均由相关专业人士出题，其中历史题和地理题分别由一位中学历史与一位地理教师出题，体育题由上海师范大学体育专业的一名研究生出题，娱乐题由毕业于南京艺术学院的一位高校教师出题，常识题由研究者本人参考江苏卫视的答题益智类节目《一站到底》的题库，通过与三名大学生讨论后选择而出。

前，告知真被试，由于在第一轮游戏中他是第一名，因此在博弈游戏中，他拥有两个特权，一是在第一轮博弈中，另两个假被试只能选择"只要我的"，而真被试可以自由选择；二是在第二轮博弈中，另两个假被试可以自由选择，但真被试可以在看到他们的选择后，再做出选择。

这里的两轮博弈游戏分别是宽恕过程的两个情境，其中第一轮博弈是伤害情境，如果真被试在第一轮博弈中选择"全部都要"，那么很显然，假被试的经济利益就会遭受损失，因此形成一个伤害情境；第二轮博弈是宽恕情境，即假被试在第二轮的选择构成了"宽恕"或"不宽恕"的情境。Tabak 等人（2013）就指出，在囚徒困境的博弈任务中，如果被试在受到伤害后继续选择与对方"合作"（此处的"只要我的"），那么我们可以将该行为看作是被试的宽恕行为。因此，在第二轮博弈游戏中，如果假被试选择"只要我的"，那就构成了"宽恕"情境，如果假被试选择"全部都要"，那就构成了"不宽恕"情境。而在研究中，两名假被试分别被安排选择"只要我的"和"全部都要"，即让真被试同时体验"宽恕"和"不宽恕"的情境。而针对"宽恕"和"不宽恕"的情境，真被试会如何选择？是选择"只要我的"，还是"全部都要"？这是本研究的重点。

在答题环节结束后，前三名被带到三个不同的教室，三人互相不见面进行下一环节的任务。进入下一轮任务的教室后，被试将拿到一个文件袋，文件袋中装有下一轮博弈任务的答题卡片和宽恕知觉评价表。如上文所述，由于第一轮博弈任务中另外两人只能选择"只要我的"，所以被试可以在第一轮的答题卡片上做出他的选择，此后由研究组人员将卡片送给另外两个教室的假被试；此后，再将假被试第二轮的答题卡片带回，交由真被试看，这里假被试的选择是事先安排好的，一个选择"只要我的"，另一个选择"全部都要"；之后，要求被试首先根据假被试的选择，进行宽恕知觉的评价，即评价对方在多大程度上宽恕了他，然后让其在第二轮的答题卡片上做出选择。

### 4.2.2 预实验发现的问题及改进方法

和预实验的目的一致，预实验中的确发现了实验设计中存在的一些问题，针对这些问题，需要进一步思考如何加以改进。

#### 4.2.2.1 答题顺序对排名的影响

预实验，在第一轮的答题游戏中，由于真被试答题情况不定，有被试答题准确率很高（例如五题全部答对，准确率为 100%），也有被试答题准确率较低（例如五题中答对两题，准确率为 40%）。且四名参与者依次答题，假被试在没有统一标准的情况下，很难快速做出应对，即很难快速选择答对或答错题目，因此出现了真被试由于答题失败，没有进入第二轮的情况，造成数据的浪费。

针对该问题，实验设计中重新设计答题顺序，四人在按顺序答题的同时，将真被试安排为第一个答题。此外，设计中还安排第一个人（真被试）连续回答五道题，然后轮到第二个人，以此类推。由于真被试被安排在第一个答题，而且假被试事先知道答案，因此假被试可根据真被试的答题情况，安排自己答对题目的数量，以保证真被试以第一名的成绩进入第二轮游戏。

此外，为进一步确保假被试反应的准确性，对假被试答对题目的数量做出规定，例如，真被试五道题目中答对三题，假被试则可以安排自己答对两题或一题，从而保证真被试以第一名的成绩进入下一轮游戏（具体安排如表4-2）。但如果出现真被试仅答对一题或全部答错，无法获得第一名的情况，则假被试可答对多题以淘汰他，该被试作废。因此在选择题目的时候要格外注意题目的难度，一方面要避免发生过多被试作废的情况，另一方面也不能让题目的难度过低或难度差异过大，以免真被试对实验产生怀疑从而影响实验研究的准确性。对于题目难度的控制、题目的选择、题目的编排等，后文还将详细叙述，详见 4.3.2.1 部分。

表 4-2　第一轮答题中假被试答对题目数量的安排

| 真被试答对题目数 | 假被试 1 答对题目数 | 假被试 2 答对题目数 | 假被试 3 答对题目数 |
|---|---|---|---|
| 5 或 4 或 3 | 2 | 1 | 0 |
| 2 | 1 | 1 | 0 |
| 1 或 0 | 4 | 3 | 2 |

#### 4.2.2.2　制造伤害情境的成功率问题

本研究的内容是冒犯者在得到宽恕以后的行为，因此制造伤害情境就是研究的前提之一。研究原计划通过真被试在第一轮博弈中选择"全部都要"而制造伤害情境。按照管理心理学中的"经济人"假说，个体为了实现自身利益的最大化，会进行有利于自己的选择。具体到预实验中，如果按照"经济人"假说，真被试在博弈中拥有特权，因此在第一轮博弈中会选择"全部都要"从而获得更多的现金。然而，预实验却发现，并不是每个被试都如此：5 名被试中有 4 人进入第二轮博弈任务（另一人因第一轮答题较差而被淘汰，未进入第二轮博弈），而这 4 人中，仅有 2 人在博弈任务的第一轮中选择了"全部都要"从而成功制造了伤害情境。如果在正式实验中也是如此，那必然会造成大量的数据作废。

针对该问题，后文将从被试选择方面入手，最大限度地制造实验需要的伤害情境，详见 4.3.1.1 部分。

#### 4.2.2.3　第二次博弈选择的问题

预实验中，被试在进行博弈选择时表现出不同的态度：有的被试很果断地选择了"全部都要"或者"只要我的"，但也有被试在做出选择时非常犹豫，思考了很久也难以选择。如此一来，即使做出了同样的选择，但选择的坚定或犹豫程度不同，也体现着被试不同的心态。

针对该问题，实验设计也加以改进，即要求被试不但要在两者之中选择一个，还要选择做出该选择的犹豫或坚定程度，具体操作如下：在该轮选择中，被试在一个 11 点量表（-5 至 +5 之间）上做出选择，其中 +5 表示非常坚定地选择"只要我的"，+4 表示比较坚定地选择"只要我的"，+3 表示有点犹豫地选择"只要我的"，+2 不太情愿地选择"只要我的"，+1 表示极不情愿地选择"只要我的"。相对应地，–5 表示非常坚定地选择"全部都要"，–4表示比较坚定地选择"全部都要"，–3 表示有点犹豫地选择"全部都要"，–2不太情愿地选择"全部都要"，–1 表示极不情愿地选择"全部都要"。此外，如果被试实在难以做出选择，可以选择"0"，即表示放弃此轮博弈的机会。此外，第一次博弈的任务是制造伤害情境，第二次博弈的任务才是考察被试在得到宽恕以后的行为反应，故 11 点量表的选择仅在第二次博弈任务中进行，第一次博弈任务仍然仅需选择"全部都要"或者"只要我的"即可。

### 4.2.3　完善后的总实验程序

进行了以上三点的改进之后，总的实验程序如下：

被试四人一组答题，按照 4.2.2.1 中的设计，安排真被试第一个答题，且连续回答五题，假被试则根据真被试的答题情况，按照表 4–2 安排自己答对题目的数量，从而保证真被试以第一名的成绩进行第二轮。

在第二轮的游戏中，真被试分别对另两名假被试进行两次 4.2.1.2 中介绍的囚徒困境博弈，并在博弈中拥有两个特权，一是在第一轮博弈中，另两个假被试只能选择"只要我的"，而真被试可以自由选择；二是在第二轮博弈中，另两个假被试可以自由选择，但真被试可以在看到他们的选择后，再做出选择。此外，第二轮博弈游戏的选择与第一轮稍有不同，第一轮只要选择"只要我的"或者"全部都要"即可，第二轮不但要在两者之中选择一个，还要选择做出该选择的犹豫或坚定程度。

和预实验的程序一样，第一轮博弈是伤害情境，如果真被试在第一轮博弈中选择"全部都要"，假被试的经济利益就会遭受损失，从而形成伤害情境；第二轮博弈是宽恕情境，即假被试在第二轮的选择构成了"宽恕"或"不宽恕"的情境，如果被试在受到伤害后继续选择"只要我的"，那么我们可以将该行为看作是被试的宽恕行为。

如果将真被试称为 A，假被试称为 B、C（进入第二轮）、D（未进入第二轮），总实验程序的具体步骤描述如下图。

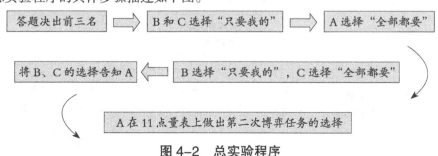

图 4-2　总实验程序

# 4.3　实验研究α：双方关系对冒犯者受到宽恕后行为的影响

实验 a 基于第三章（研究一）的结果之一，拟研究冒犯者和被冒犯者之间的关系对冒犯者在受到对方的宽恕以后的行为有何影响。将双方关系作为研究变量之一，与宽恕变量形成一个 2（被冒犯者宽恕冒犯者、被冒犯者不宽恕冒犯者）×2（双方认识、双方不认识）的混合实验设计，其中宽恕变量是被试内变量，双方关系是被试间变量。

## 4.3.1　方法

### 4.3.1.1　被试

本研究首先通过某高校辅导员，征集大学生 289 人参与此次实验被试的初步筛选。首先，向这 289 名大学生说明总实验程序中博弈任务的规则，在确定他们明白规则后，向他们发放一张筛选问卷，请他们回答"如果你和某人一起完成这项任务，当你得知对方选择的是'只要我的'的时候，你会如何选择？"，他们可以有四个选择：①"对熟人选择'只要我的'，对陌生人选择'全部都要'"，②"无论面对什么人，我都会选择'只要我的'"，

③"无论面对什么人，我都会选择'全部都要'"，④"对熟人选择'全部都要'，对陌生人选择'只要我的'"。此外，他们还要回答是否愿意参与此次心理学研究，如愿意则留下联系方式。具体结果如下图。

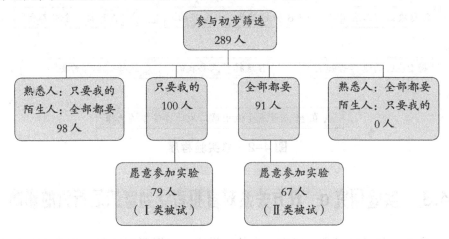

**图4-3 被试的筛选情况**

实验a由Ⅱ类被试67人参与，其中男生48人，女生19人，将这67人随机分配到熟悉人组和陌生人组，其中熟悉人组34人，陌生人组33人。在实验中删除不符合要求的被试8人（男、女生各4人），其中5人是因为出现表4-2中所示的作废情况，即在第一轮游戏中只答对1题或全部答错，另外3人是因为在博弈任务的第一轮中没有对另外两人选择"全部都要"，因而没有形成实验需要的伤害情境。最终纳入数据分析的被试有59人，其中熟悉人组29人（男生24人，女生5人），陌生人组30人（男生20人，女生10人）。

#### 4.3.1.2 实验a的程序

实验a的程序在4.2.3部分的总实验程序的基础上稍有改动，实验a是一个2（被冒犯者宽恕冒犯者、被冒犯者不宽恕冒犯者）×2（双方认识、双方不认识）的混合实验设计，其中宽恕变量是被试内变量，双方关系是被试间变量。宽恕变量的设置在总的实验程序中已有介绍，即在第二轮的博弈游戏中，两名假被试分别选择"只要我的"和"全部都要"，形成"宽恕"和"不宽恕"

的两种情境让真被试同时体验到，即被试内变量。

对于双方关系这一变量的操纵如下：分析熟悉人组34名被试的资料可知，这34人来自该校的4个班级，因此通过辅导员，分别在这4个班级各寻找3名人缘较好的同学参与实验，事先告知他们实验目的、程序、题目答案等，请他们扮演与真被试进行答题和博弈的假被试。对于陌生人组，则使用研究者课题组的成员作为假被试。

实验过程中，首先通过答题让真被试和另外两名假被试进入第二轮的博弈游戏，同时保证真被试获得第一名。答题结束后，将前三名带到三个不同的教室，让他们互不见面进行第二轮博弈游戏，而实际上，假被试在第一轮结束后就可离开。由于双方互相不见面，因此他们在博弈游戏中的操作，实际是由研究者来完成的：第一步，由于假被试在博弈游戏的第一轮中只能选择"只要我的"，因此，真被试可以直接做出他的选择，然后研究者假装将他的选择告知假被试。第二步，研究者将事先准备好的假被试的"选择"告知真被试，其中一个是"只要我的"，另一个是"全部都要"，并且不告知哪个选择对应的是哪个假被试，以免真被试与假被试的关系影响实验结果。第三步，真被试根据假被试的选择，对假被试是否宽恕他做出评价，以确定宽恕情境设置的有效性。第四步，真被试在11点量表上做出选择。如果将真被试称为A，假被试称为B、C（进入第二轮）、D（未进入第二轮），具体步骤描述如下图。

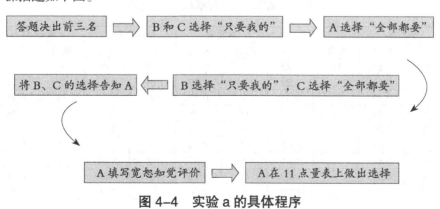

**图4-4　实验a的具体程序**

在第二轮的博弈任务中，由于Ⅱ类被试在筛选调查中选择是"无论面对什么人，我都会选择'全部都要'"，同时通过指导语来引导他们选择"全部都要"，即"对方这一轮只能选择'只要我的'，因此对你来说，选择'全部都要'能够最大程度地获得现金"，因此在第一轮博弈中，大部分被试都对另外两人选择了"全部都要"，形成了实验要求的伤害情境。但也有三人对另外两人或其中一人选择了"只要我的"，故将这三人删除。

## 4.3.2　结果

### 4.3.2.1　答题题目的筛选、编排与难度分析

如前文所述，对于题目的选择要控制合理的难度，一方面，题目不能过难，以免出现较多被试作废的情况；另一方面，也不能让被试的题目明显比其他参与者简单，以免被试对实验产生怀疑，影响实验的准确性。为此，首先请前文介绍的专业人士为每组出 20 道题目，然后在大学校园里随机请 100 名大学生对这 20 题进行作答（因为参与实验的被试也是大学生，因此选择在大学生群体中测试题目难度），进而计算这 20 题的难度（通过率），在此基础之上将这 20 道题目按难度由高到低排序（如表 4-3），然后删除每组题目中最难的 8 道题（表 4-3 中的阴影部分）。

表 4-3　原始题目的难度（通过率）

| 历史题 | | 地理题 | | 体育题 | | 娱乐题 | | 常识题 | |
|---|---|---|---|---|---|---|---|---|---|
| 题目 | 难度 | 题目 | 难度 | 题目 | 难度 | 题目 | 难度 | 题目 | 难度 |
| 9 | 0.11 | 14 | 0.23 | 2 | 0.21 | 20 | 0.09 | 5 | 0.24 |
| 10 | 0.16 | 2 | 0.29 | 7 | 0.26 | 13 | 0.23 | 1 | 0.28 |
| 8 | 0.22 | 20 | 0.33 | 1 | 0.39 | 4 | 0.29 | 11 | 0.35 |
| 4 | 0.24 | 4 | 0.47 | 15 | 0.45 | 12 | 0.35 | 17 | 0.49 |
| 19 | 0.39 | 13 | 0.56 | 16 | 0.51 | 5 | 0.39 | 16 | 0.56 |
| 15 | 0.41 | 5 | 0.61 | 18 | 0.58 | 9 | 0.53 | 10 | 0.68 |
| 5 | 0.54 | 12 | 0.66 | 6 | 0.67 | 19 | 0.61 | 4 | 0.73 |
| 14 | 0.65 | 6 | 0.69 | 19 | 0.70 | 1 | 0.69 | 6 | 0.76 |
| 18 | 0.72 | 15 | 0.70 | 8 | 0.76 | 11 | 0.76 | 9 | 0.80 |

续表

| 历史题 | | 地理题 | | 体育题 | | 娱乐题 | | 常识题 | |
|---|---|---|---|---|---|---|---|---|---|
| 题目 | 难度 | 题目 | 难度 | 题目 | 难度 | 题目 | 难度 | 题目 | 难度 |
| 20 | 0.75 | 8 | 0.70 | 13 | 0.79 | 10 | 0.78 | 12 | 0.82 |
| 2 | 0.79 | 16 | 0.76 | 17 | 0.80 | 8 | 0.80 | 19 | 0.86 |
| 6 | 0.80 | 1 | 0.81 | 5 | 0.80 | 18 | 0.85 | 18 | 0.89 |
| 11 | 0.81 | 19 | 0.84 | 12 | 0.81 | 3 | 0.88 | 8 | 0.90 |
| 16 | 0.85 | 11 | 0.86 | 9 | 0.87 | 6 | 0.89 | 2 | 0.90 |
| 7 | 0.88 | 7 | 0.86 | 20 | 0.88 | 17 | 0.91 | 13 | 0.93 |
| 1 | 0.88 | 9 | 0.89 | 4 | 0.89 | 14 | 0.93 | 14 | 0.93 |
| 12 | 0.91 | 10 | 0.89 | 10 | 0.92 | 7 | 0.93 | 3 | 0.96 |
| 17 | 0.92 | 17 | 0.92 | 11 | 0.94 | 16 | 0.93 | 20 | 0.97 |
| 13 | 0.92 | 3 | 0.94 | 14 | 0.96 | 15 | 0.95 | 15 | 0.98 |
| 3 | 0.98 | 18 | 0.96 | 3 | 0.99 | 2 | 0.98 | 7 | 1 |

在删除 8 道题目后，每组还剩余 12 道题目，通过率均在 0.7 以上，说明大部分大学生可以答对这 12 道题目。将这 12 道题目分成三组用于本章研究的三个分研究（由于 II 类被试要参与本章研究的三个分研究，因此要保证他们每次接触的题目是不一样的）。在分组的过程中，难度相近的四道题一组，然后将这四题中最简单（通过率最高）的那道题目分配给真被试，以历史题为例，将第 3、13、17、12 题分为一组，用于实验 a；第 1、7、16、11 题分为一组，用于实验 b；第 6、2、20、18 题分为一组，用于实验 c。其中第 3、1、6 题分配给真被试，其他题目随机分配给假被试。

在本研究中，题目难度是否有差异，关键还在于被试的主观感受，即真被试在实验中是否会觉得分配给他的题目明显要比其他参与者简单，因此在题目分配完成后，随机选取了 50 名在校大学生，对题目分配的难度进行了评价，结果显示，实验 a 的题目难度分配没有显著差异：50 人中有 36 人认为历史题的分配没有差异（$x^2=9.68$，$p<0.01$），41 人认为地理题的分配没有差异（$x^2=20.48$，$p<0.01$），32 人认为体育题的分配没有差异（$x^2=3.92$，$p<0.05$），44 人认为娱乐题的分配没有差异（$x^2=28.88$，$p<0.01$），34 人认为常识题的分配没有差异（$x^2=6.48$，$p<0.05$）。

### 4.3.2.2 宽恕变量操纵的有效应分析

实验a通过假被试在囚徒困境博弈任务中选择"只要我的"或"全部都要"来形成宽恕情境，并在真被试做出最终选择前让其进行宽恕知觉评价，即请被试回答：

由于在上一轮游戏中，你选择了"全部都要"，这实际上给你的对手造成了经济上的损失，如果用0~10这11个数字表示对方对你的宽恕程度，数字越大，表示他们宽恕你的程度也越大，例如0表示"完全没有宽恕"，10表示"完全宽恕"，你觉得哪两个数字比较合适？

相关样本 $t$ 检验结果显示，宽恕情境下的知觉评分要显著高于非宽恕情境下的知觉评分（$M_{宽恕}$=7.08，$SD_{宽恕}$=1.99；$M_{非宽恕}$=3.20，$SD_{非宽恕}$=1.88；$t$=10.97，$p$=0.000），说明实验对于宽恕情境变量的操纵是有效的。

### 4.3.2.3 双方关系变量操纵的有效性分析

双方关系作为自变量之一，也需要对其操纵的有效性进行分析。实验中，分别让不同的人扮演假被试，以实现不同关系的分组。实验中，在开始博弈游戏前，先请真被试对其对假被试的熟悉程度进行评价，即请被试回答：

如果用0~10这11个数字表示你对第二和第三名的熟悉程度，数字越大，表示你对他们的熟悉程度越高，例如0表示"完全不认识"，10表示"非常熟悉"，你觉得哪两个数字比较合适？

由于被试要对两名假被试进行熟悉程度的评价，因此将两次评价的平均分作为该名被试对假被试的熟悉程度评分。独立样本 $t$ 检验结果显示，熟悉组的熟悉程度评分要显著高于陌生组的熟悉程度评分（$M_{陌生}$=0.09，$SD_{陌生}$=0.23；$M_{熟悉}$=6.85，$SD_{熟悉}$=0.88；$t$=-39.94，$p$=0.000），说明实验对于双方关系这一变量的操纵是有效的。

### 4.3.2.4 变量的主效应和交互效应分析

针对研究数据，以宽恕与否和双方关系为自变量，被试在第二轮博弈任务中的选择为因变量进行重复测量方差分析，其中宽恕与否为重复测量的变量，双方关系为组间变量。结果显示，宽恕与否的主效应显著[$F(1, 57)$=21.397，$p$=0.000]，双方关系的主效应显著[$F(1, 57)$=47.229，$p$=0.000]，两者的交互作用显著[$F(1, 57) = 4.186, p = 0.045$]。结合图4–5可见：（1）无论是熟悉组还是陌生组，在得到宽恕后，被试选择"只要我的"的可能性均大于没有得到宽恕的被试；（2）无论有没有得到宽恕，熟悉组的被试选择"只要我的"的可能性均大于陌生组；（3）在熟悉组中，无论有没有得到宽恕，被试均倾向于选择"只要我的"（体现在分数保持在正数，且变化不大），但在陌生组中，当得到对方的宽恕时，被试倾向于选择"只要我的"（分数为正数），而没有得到对方的宽恕时，被试则倾向于选择"全部都要"（分数为负数，且下降明显）。

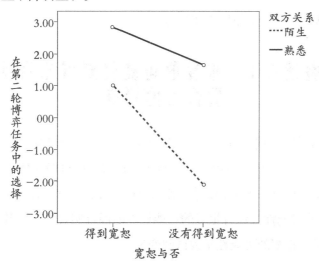

**图4–5 实验a变量的主效应和交互效应**

### 4.3.3 讨论

实验a的结果显示，冒犯者在得到被冒犯者的宽恕以后，更倾向于不再伤害对方，尤其是当对方是熟悉的人时。这一结果符合 Wallace 等人（2008）的解释，他们认为，冒犯者对于被冒犯者给予他们的宽恕会心存感激的，从而不太愿意去破坏这种宽恕的氛围。然而当考虑到双方的关系时，结果会稍有差异，这种继续伤害非宽恕者，而不再伤害宽恕者的行为在陌生人关系中更加明显。而在熟悉人关系中，即使没有得到被冒犯者的宽恕，冒犯者也不太倾向于继续伤害对方，尽管这种不伤害的意愿有所降低。这可能源于中国人的人格特质，在中国的集体主义文化背景中，维持人际关系乃至社会的和谐是个体行为的重要目的之一（Fu, Watkins, & Hui, 2004），因此在面对已经建立良好人际关系的个体（实验中的熟悉的人）时，即使得到的是非友好的对待（例如不宽恕），集体主义文化中的个体也倾向于避免冲突的发生（例如避免愤怒情绪、报复行为等）（叶浩生，2004），因为愤怒、报复等在集体主义文化中是不利于维持良好人际关系的情绪体验和行为。

## 4.4　实验研究 b：报复的可能性对冒犯者受到宽恕后行为的影响

实验 b 基于第三章（研究一）的结果之一，拟研究报复的可能性对于冒犯者在受到对方的宽恕后的行为有何影响。将报复的可能性作为研究变量之一，与宽恕变量形成一个 2（被冒犯者宽恕冒犯者、被冒犯者不宽恕冒犯者）×2（有报复的可能性、没有报复的可能性）的混合实验设计，其中宽恕变量是被试内变量，报复的可能性是被试间变量。

### 4.4.1　方法

#### 4.4.1.1　被试

实验 b 依然由实验 a 中所介绍的 Ⅱ 类被试 67 人参与，其中男生 48 人，女生 19 人；将这 67 人随机分配到报复组和非报复组，其中报复组 34 人，非报复组 33 人。在实验中删除不符合要求的被试 6 人（男生 4 人、女生 2 人），其中 5 人是因为出现表 4-2 中所示的作废情况，即在第一轮游戏中只答对 1 题或全部答错，剩余 1 人是因为在博弈任务的第一轮中没有对另外两人选择"全部都要"，因而没有形成实验需要的伤害情境。最终纳入数据分析的被试有 61 人，其中报复组 29 人（男生 21 人，女生 8 人），非报复组 32 人（男生 23 人，女生 9 人）。

### 4.4.1.2　实验 b 的程序

实验 b 的程序在总的实验程序的基础上稍有改动，实验 b 是一个 2（被冒犯者宽恕冒犯者、被冒犯者不宽恕冒犯者）× 2（有报复的可能性、没有报复的可能性）的混合实验设计，其中宽恕变量是被试内变量，报复的可能性是被试间变量。宽恕变量的设置在总的实验程序中已有介绍，即在第二轮的博弈游戏中，两名假被试分别选择"只要我的"和"全部都要"，形成"宽恕"和"不宽恕"的两种情境让真被试同时体验到，即被试内变量。

对于报复的可能性这一变量的操纵如下：无报复可能组的实验程序同总的实验程序。报复组的实验程序中，答题选出前三名、进行第一轮博弈游戏等步骤均与总的实验程序一致，但当真被试做出最终博弈任务的选择前，告知他"根据游戏规则，在本轮游戏结束后，你们将再获得'答对题数 × 10 元/题'的现金，利用这笔现金，我们将再进行两轮游戏。但在增加的这两轮游戏中，参与者的权利将反转，也就是说，原本的第一名在新增游戏的第一轮只能选择'只要我的'，而第二和第三名可以任意选择；在新增的第二轮游戏中，原本的第一名可以任意选择，但必须将选择结果告知第二和第三名，第二和第三名在得知第一名的选择后，再做出选择。"此后，让被试填写宽恕知觉评价和报复可能性知觉评价，最后由被试做出最终选择。

因此，实验过程中，首先通过答题让真被试和另外两名假被试进入第二轮的博弈游戏，同时保证真被试获得第一名。答题结束后，将前三名带到三个不同的教室，让他们互不见面进行第二轮博弈游戏，而实际上，假被试在第一轮结束后就可离开，由于双方互相不见面，因此他们在博弈游戏中的操作，实际是由研究者来完成的：第一步，由于假被试在博弈游戏的第一轮中只能选择"只要我的"，因此，真被试可以直接做出他的选择，然后研究者假装将他的选择告知假被试。第二步，研究者将事先准备好的假被试的"选择"告知真被试，其中一个是"只要我的"，另一个是"全部都要"，并且不告知哪个选择对应的是哪个假被试，以免真被试与假被试的关系影响实验结果。第三步，告知真被试将增加两轮游戏，且在增加的游戏中参与者的权利反转。第四步，真被试根据假被试的选择以及实验的操纵，对假被试是否宽恕他以及假被试在后续的游戏中是否有报复他的可能性做出评价，以确定宽恕情境和报复可能性设置的有效性。第五步，真被试在 11 点量表上做出选择。如果将真被试称为 A，假被试称为 B、C（进入第二轮）、D（未进入第二轮），具体步骤描述如下图。

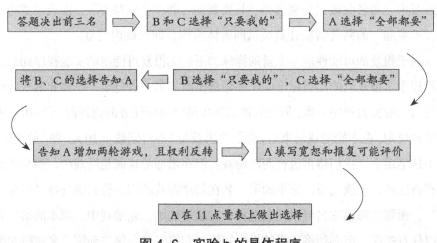

**图 4-6　实验 b 的具体程序**

在第二轮的博弈任务中，由于Ⅱ类被试在筛选调查中选择是"无论面对什么人，我都会选择'全部都要'"，同时通过指导语来引导他们选择"全部都要"，即"对方这一轮只能选择'只要我的'，因此对你来说，选择'全部都要'能够最大程度地获得现金"，因此在第一轮博弈中，大部分被试都对另外两人选择了"全部都要"，形成了实验要求的伤害情境。但也有一人对另外两人选择了"只要我的"，故将该名被试删除。

## 4.4.2　结果

### 4.4.2.1　答题题目的筛选、编排与难度分析

实验 b 中使用的题目的筛选、编排和难度分析见 3.2.1 部分。

和实验 a 一样，在本研究中，题目难度是否有差异，关键还在于被试的主观感受，即真被试在实验中是否会觉得分配给他的题目明显要比其他参与者简单。因此在题目分配完成后，随机选取了 50 名在校大学生，对题目分配的难度进行了评价，结果显示，实验 b 的题目难度分配没有显著差异：50 人中有 41 人认为历史题的分配没有差异（$x^2$=20.48，$p<0.01$），35 人认为地理题的分配没有差异（$x^2$=8.00，$p<0.01$），34 人认为体育题的分配没有差异（$x^2$=6.48，$p<0.05$），39 人认为娱乐题的分配没有差异（$x^2$=15.68，$p<0.01$），40 人认为常识题的分配没有差异（$x^2$=18.00，$p<0.01$）。

### 4.4.2.2　宽恕变量操纵的有效性分析

与实验 a 一样，实验 b 也是通过假被试在囚徒困境博弈任务中选择"只要我的"或"全部都要"来形成宽恕情境，并在真被试做出最终选择前让其进行宽恕知觉评价，即请被试回答：

由于在上一轮游戏中，你选择了"全部都要"，这实际上给你的对手造成了经济上的损失，如果用 0~10 这 11 个数字表示对方对你的宽恕程度，数字越大，表示他们宽恕你的程度也越大，例如 0 表示"完全没有宽恕"，10 表示"完全宽恕"，你觉得哪两个数字比较合适？

相关样本 $t$ 检验结果显示，宽恕情境下的知觉评分要显著高于非宽恕情境下的知觉评分（$M_{宽恕}$=6.77，$SD_{宽恕}$=1.77；$M_{非宽恕}$=3.03，$SD_{非宽恕}$=1.98；$t$=10.96，$p$=0.000），说明实验对于宽恕情境变量的操纵是有效的。

### 4.4.2.3　报复可能性变量操纵的有效性分析

如前文所述，实验中通过告知被试增加两轮游戏，并且在新增的游戏中

参与者的权利反转，来设置报复可能性这一变量。为检验该变量设置的有效性，在真被试做出最终选择前让其进行报复可能性知觉评价，即请有报复可能性的那一组被试回答：

由于增加了两轮游戏，且在游戏中你们三人的权利发生了变化，也就是说，你在第一和第二轮中享有的特权，将在新增的两轮游戏中归另外两位参与者所有。很显然，他们在新增的两轮游戏中占有了优势，如果你在前两轮游戏中造成了他们经济上的损失，你觉得他们会在后两轮的游戏中利用他们的特权报复你吗？如果用 0~10 这 11 个数字表示对方对你报复的可能性，数字越大，表示他们报复你的可能性也越大，例如 0 表示"完全没有可能"，10 表示"完全有可能"，你觉得哪两个数字比较合适？

由于被试要对两名假被试对其进行报复的可能性进行评价，因此取两次评价的平均值作为报复可能性的评价得分。此外，由于无报复可能性的实验组没有新增游戏的环节，故无法进行报复可能的知觉评价，因此人为设定该组报复可能性为 0，在此基础上进行单样本的差异显著性检验。结果显示，报复情境下的报复可能性知觉评分显著较高 0（$M_{报复}$=5.79，$SD_{报复}$=0.98，t=34.05，p=0.000），说明实验对于报复的可能性这一变量的操纵是有效的。

### 4.4.2.4　变量的主效应和交互效应分析

针对研究数据，以宽恕与否和有无报复的可能性为自变量，被试在第二轮博弈任务中的选择为因变量进行重复测量方差分析，其中宽恕与否为重复测量的变量，有无报复的可能性为组间变量。结果显示，宽恕与否的主效应显著 $[F_{(1, 59)}$=33.495，p=0.000]，有无报复的可能性的主效应显著 $[F_{(1, 59)}$=20.903，p=0.000]，两者的交互作用显著 $[F_{(1, 59)}$=4.853，p=0.032]。结合图 4-7 可见：（1）无论是有报复可能性组还是无报复可能性组，在得到宽恕后，被试选择"只要我的"的可能性均大于没有得到宽恕的被试；（2）无论在得到宽恕条件下，还是在没有得到宽恕的条件下，有报复可能性组的被试选择"只要我的"的可能性均大于另一组；（3）在有报复可能性组中，无论有没有得到宽恕，被试均倾向于选择"只要我的"（体现在分数保持在正数，且变化不大），但在无报复可能性组中，当得到对方的宽恕时，被试倾向于选择"只要我的"（分数为正数），而没有得到对方的宽恕时，被试则倾向于选择"全部都要"（分数为负数，且下降明显）；（4）无报复可能性组的得分区间与实验 a 中的陌生人组大致一致，即大致在 –2 至 +1 之间。

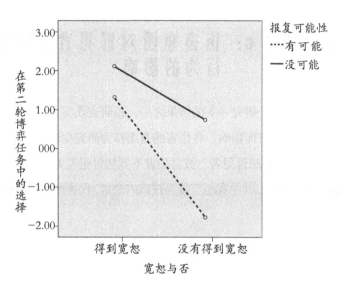

图 4–7　实验 b 变量的主效应和交互效应

## 4.4.3　讨论

实验 b 的结果显示，冒犯者在得到被冒犯者的宽恕以后，更倾向于不再伤害对方，尤其是当对方有报复的可能性时。这一结果与 Wallace 等人（2008）的研究略有不同，在他们的研究中，当存在报复的可能性时，人们却更愿意伤害那些已经宽恕他们的人，而非那些对他们心存怨恨的人。这一差异源自两点：一是 Wallace 等人的研究采用的是迫选法，即在实验中被试只能选择对一人"竞争"（相当于本研究中的"全部都要"），而对另一人"合作"（相当于本研究中的"只要我的"），而在本研究中，被试可以任意选择；

二是在 Wallace 等人的研究中只有"竞争"和"合作"两个选项，而在本研究中，不仅有"全部都要"和"只要我的"两个选项，还可以选择做出该决定的坚定或犹豫程度。从图 4-7 可见，尽管做出选择的坚定或犹豫程度不一样，但在面对有报复可能的假被试时，真被试也都选择了"只要我的"，这和 Wallace 等人的研究结论还是一致的。

## 4.5 实验研究 c：伤害意图对冒犯者受到宽恕后行为的影响

实验 c 基于第三章（研究一）的结果之一，拟研究伤害意图对冒犯者在受到对方的宽恕以后的行为有何影响。将伤害的意图作为研究变量之一，与宽恕变量形成一个 2（被冒犯者宽恕冒犯者、被冒犯者不宽恕冒犯者）×2（故意伤害、被迫伤害）的混合实验设计，其中宽恕变量是被试内变量，伤害的意图是被试间变量。

### 4.5.1　方法

#### 4.5.1.1　被试

实验 c 在实验 a 中所介绍的 I 类和 II 类被试中各随机选取 35 人作为研究被试，其中 I 类被试作为被迫伤害组，包括 15 名男生和 20 名女生，II 类作为故意伤害组，包括 22 名男生和 13 名女生。在实验中删除不符合要求的被试 8 人（男生 5 人、女生 3 人），其中 6 人是因为出现表 4-2 中所示的作废情况，即在第一轮游戏中只答对 1 题或全部答错；此外，故意伤害组中有 1 人是因为在博弈任务的第一轮中没有对另外两人选择"全部都要"，因而没有形成实验需要的伤害情境而被删除；被迫伤害组中有 1 人是因为在博弈任务的第一轮中没有对另外两人选择"只要我的"，因而没有形成实验需要的"被迫伤害"情境而被删除（具体说明见后文的实验程序）。最终纳入数据分析的被试有 62 人，其中故意伤害组 32 人（男生 20 人，女生 12 人），被迫伤

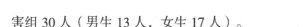

害组 30 人（男生 13 人，女生 17 人）。

### 4.5.1.2　实验 c 的程序

实验 c 的程序在总的实验程序的基础上稍有改动，实验 c 是一个 2（被冒犯者宽恕冒犯者、被冒犯者不宽恕冒犯者）×2（故意伤害、被迫伤害）的混合实验设计，其中宽恕变量是被试内变量，伤害的意图是被试间变量。宽恕变量的设置在总的实验程序中已有介绍，即在第二轮的博弈游戏中，两名假被试分别选择"只要我的"和"全部都要"，形成"宽恕"和"不宽恕"的两种情境让真被试同时体验到，即被试内变量。

对于伤害的意图这一变量的操纵如下：故意伤害组的实验程序同总的实验程序。被迫伤害组的实验程序中，答题选出前三名等步骤均与总的实验程序一致。当进入第二阶段的博弈任务后，由于Ⅰ类被试在初步筛选时，当被问及"如果你和某人一起完成这项任务，当你得知对方选择的是'只要我的'的时候，你会如何选择？"时，他们的选择是"只要我的"；因此当得知他们的特权，即第一轮中第二和第三名只能选择"只要我的"时，他们当中的绝大部分人决定选择"只要我的"（但也有一名被试此时决定选择"全部都要"，故将其删除，4.4.1.1 部分已有介绍）。但此时主试告知他们，由于实验的安排，他们此轮只能选择"全部都要"，从而形成"被迫伤害"的实验情境。为确认该实验变量操纵的有效性，在该轮结束后，请两组被试均对其做出选择的主观意图做出评价。此后在第二轮的博弈任务中，真被试在得知对方的选择后进行宽恕知觉的评价，而后自由选择最终的决定。

因此，实验过程中，首先通过答题让真被试和另外两名假被试进入第二轮的博弈游戏，同时保证真被试获得第一名。答题结束后，将前三名带到三个不同的教室，让他们互不见面进行第二轮博弈游戏，而实际上，假被试在第一轮结束后就可离开，由于双方互相不见面，因此他们在博弈游戏中的操作，实际是由研究者来完成的：第一步，假被试在博弈游戏的第一轮中只能选择"只要我的"，而后，真被试主观或被迫选择"全部都要"，然后研究者假装将他的选择告知假被试。第二步，研究者将事先准备好的假被试的"选择"告知真被试，其中一个是"只要我的"，另一个是"全部都要"，并且不告知哪个选择对应的是哪个假被试，以免真被试与假被试的关系影响实验结果。第三步，真被试对两位假被试进行宽恕知觉的评价。第四步，真被试在 11 点量表上做出选择。如果将真被试称为 A，假被试称为 B、C（进入第二轮）、D（未进入第二轮），具体步骤描述如下图。

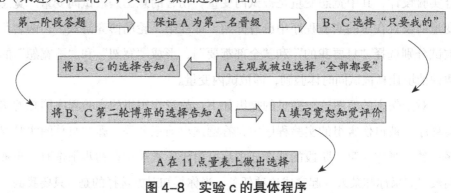

**图 4-8　实验 c 的具体程序**

在第二轮的博弈任务中，由于 Ⅱ 类被试在筛选调查中选择"无论面对什么人，我都会选择'全部都要'"，同时通过指导语来引导他们选择"全部都要"，即"对方这一轮只能选择'只要我的'，因此对你来说，选择'全部都要'能够最大程度地获得现金"，因此在第一轮博弈中，大部分被试都对另外两人选择了"全部都要"，形成了实验要求的伤害情境。但也有一人对另外两人选择了"只要我的"，故将该名被试删除。

## 4.5.2　结果

### 4.5.2.1　答题题目的筛选、编排与难度分析

实验 c 中使用的题目的筛选、编排和难度分析见 4.3.2.1 部分。

和实验 a 一样，在本研究中，题目难度是否有差异，关键还在于被试的主观感受，即真被试在实验中是否会觉得分配给他的题目明显要比其他参与者简单，因此在题目分配完成后，随机选取了 50 名在校大学生，对题目分配

的难度进行了评价。结果显示，除历史题以外，实验c的题目难度分配没有显著差异：50人中有30人认为历史题的分配没有差异（$x^2=2$，$p=0.157$），36人认为地理题的分配没有差异（$x^2=9.68$，$p<0.01$），35人认为体育题的分配没有差异（$x^2=8$，$p<0.01$），34人认为娱乐题的分配没有差异（$x^2=6.48$，$p<0.05$），38人认为常识题的分配没有差异（$x^2=13.52$，$p<0.01$）。

### 4.5.2.2 宽恕变量操纵的有效性分析

与实验a一样，实验c也是通过假被试在囚徒困境博弈任务中选择"只要我的"或"全部都要"来形成宽恕情境，并在真被试做出最终选择前让其进行宽恕知觉评价，即请被试回答：

由于在上一轮游戏中，你选择了"全部都要"，这实际上给你的对手造成了经济上的损失，如果用0~10这11个数字表示对方对你的宽恕程度，数字越大，表示他们宽恕你的程度也越大，例如0表示"完全没有宽恕"，10表示"完全宽恕"，你觉得哪两个数字比较合适？

相关样本$t$检验结果显示，宽恕情境下的知觉评分要显著高于非宽恕情境下的知觉评分（$M_{宽恕}=5.68$，$SD_{宽恕}=2.09$；$M_{非宽恕}=2.92$，$SD_{非宽恕}=1.43$；$t=8.09$，$p=0.000$），说明实验对于宽恕情境变量的操纵是有效的。

### 4.5.2.3 伤害意图变量操纵的有效性分析

如前文所述，实验中通过让被试主动或被迫选择"全部都要"来形成故意或被迫伤害的情境，从而设置伤害意图这一变量。为检验该变量设置的有效性，在被试做出第一轮博弈任务的选择后让其进行伤害意图的评价，即请被试回答：

如果用0~10这11个数字表示你做出该选择的主观意图程度，数字越大，表示你做出该选择的主观意图越明显，例如0表示"完全被迫选择"，10表示"完全出了本意"，你觉得哪两个数字比较合适？

由于被试要对两名假被试进行伤害的主观意图的评价，因此取两次评价的平均值作为主观意图的评价得分。独立样本$t$检验显示，故意伤害组的主观意图评价得分要显著高于被迫伤害组（$M_{故意}=5.11$，$SD_{故意}=1.69$；$M_{被迫}=0.58$，$SD_{被迫}=0.85$；$t=13.16$，$p=0.000$），说明实验对于伤害的意图这一变量的操纵是有效的。

#### 4.5.2.4 变量的主效应和交互效应分析

针对研究数据，以宽恕与否和伤害的意图为自变量，被试在第二轮博弈任务中的选择为因变量进行重复测量方差分析，其中宽恕与否为重复测量的变量，伤害的意图为组间变量。结果显示，宽恕与否的主效应显著 $[F_{(1, 60)}$ $=22.623$，$p=0.000]$，伤害意图的主效应显著 $[F_{(1, 60)}=176.131$，$p=0.000]$，两者的交互作用显著 $[F_{(1, 60)}=17.462$，$p=0.000]$。结合图 4-9 可见：（1）无论是故意伤害组还是被迫伤害组，在得到宽恕后，被试选择"只要我的"的可能性均大于没有得到宽恕的被试；（2）但是（1）中所说的差异在两组中并不一致，在故意伤害组，该差异在宽恕与否的两种处理中变化较大，但在被迫伤害组却变化很小；（3）无论有没有得到宽恕，被迫伤害组的被试选择"只要我的"的可能性均大于故意伤害组；（4）故意伤害组的得分区间与实验 a 中的陌生人组以及实验 b 中的无报复可能性组大致一致，即在 -2 至 +1 之间。

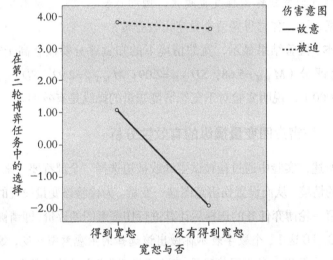

图 4-9 实验 c 变量的主效应和交互效应

### 4.5.3 讨论

实验 c 的结果显示，冒犯者在得到被冒犯者的宽恕以后，更倾向于不再伤害对方，但当考虑到伤害意图这一因素，尤其是在被迫伤害的情境中，该结果则不太明显，即无论是否得到对方的宽恕，被迫伤害的冒犯者都不倾向于再次伤害对方。这可能和被迫伤害后产生的内疚情绪有关，有研究指出，当个体认为自己是施害者的时候，会产生内疚的情绪，为了缓解这种内疚的情绪，该个体倾向于对被害者道歉和做出补偿（Turner，Hogg，Oakes，Reicher，& Wetherell，1987；转引自 Wohl & Branscombe，2005）。在本研究中，由于真假被试在实验中互不见面，故无法进行当面的道歉，此时真被试，尤其是被迫伤害对方的真被试为了做出补偿而在第二轮中选择"只要我的"，这样无论对方选择"只要我的"还是"全部都要"，他们都可以获得相应的现金。

## 4.6 问卷研究 d：人格因素对冒犯者受到宽恕后行为的影响

研究 d 基于第三章（研究一）的结果之一，拟研究人格因素对冒犯者在受到对方的宽恕以后的行为有何影响。由于研究一并没有明确哪种人格特质会影响个体在得到宽恕以后的行为，所以无法将某种特定的人格特质作为研究变量进行实验研究，故本研究采用量表研究的方法，通过成熟的人格测量工具来研究人格因素对个体在得到宽恕以后的行为的影响。

### 4.6.1 方法

#### 4.6.1.1 被试

由于实验 a 中所介绍的 I 类和 II 类被试无论面对熟悉的人还是陌生的人时都只会选择"只要我的"或者"全部都要"，故可能存在某种人格特质的倾向，因此本研究不在这部分被试中选择研究对象，而是采用在大学校园里随机选择和团体施测相结合的方法选择大学生被试。其中，随机选择包括在图书馆、自习教室、课堂、寝室等处随机选择大学生，首先询问其是否愿意参与此次调查，如愿意则随即向其发放量表，当场填写并回收，填写完成后向其表示感谢并赠送小纪念品。团体施测是利用班级班会时间和公选课时间，向参与班会和公选课的学生发放量表，当场填写完成后回收。

利用以上方法，在南京市三所高校共回收有效问卷369份，其中男性128人，女性235人，其余6人未标注性别。年龄在17~30岁，平均年龄为23.4岁。

### 4.6.1.2　研究工具及测量程序

该研究过程中使用了以下测量工具。

（1）得到宽恕后行为的测查。和实验研究 a、b、c 一样，本研究继续采用同样的博弈任务考察被试在得到或没有得到宽恕以后的行为，即是再次伤害对方，还是不再伤害对方。不同的是，本研究采用的是虚拟情境的假设，即假设被试参与到该博弈任务中，而不是像实验 a、b、c 中那样真实参与其中；此外，该虚拟情境只包含实验 a、b、c 中的第二阶段的博弈任务，即假设被试和博弈者直接参与第二阶段的博弈游戏，不包括答题游戏部分。

研究中首先向参与者讲述该博弈任务的程序，在确定参与者理解该博弈任务后，向其发放问卷，一半的问卷中有这样的表述：

假设你和一个陌生人一同参与此游戏，在第一轮游戏中，对方选择了"只要我的"，而你却有意地选择了"全部都要"。而在第二轮的游戏中，对方继续选择"只要我的"。如果用0~10这11个数字来表示对方对你的宽恕程度，数字越大表示宽恕的程度越高，例如0表示"完全没有宽恕"，10表示"完全宽恕"。你觉得哪个数字比较合适？ [①]

对此，你会如何选择以回应他？如果用 −5~+5 这11个数字来表示你的选择，其中 +5 表示非常坚定地选择"只要我的"，+4 表示比较坚定地选择"只要我的"，+3 表示有点犹豫地选择"只要我的"，+2 不太情愿地选择"只

---

① 此处在表述中对实验 a、b、c 中的变量，即双方关系、报复的可能性和伤害意图加以控制：表述"陌生人"控制了双方关系这一变量，"有意地选择"控制了伤害意图，而只有两轮游戏的设置则控制了报复的可能性。

要我的"，+1 表示极不情愿地选择"只要我的"。相对应地，−5 表示非常坚定地选择"全部都要"，−4 表示比较坚定地选择"全部都要"，−3 表示有点犹豫地选择"全部都要"，−2 不太情愿地选择"全部都要"，−1 表示极不情愿地选择"全部都要"。如果你实在难以做出选择，可以选择 0，表示放弃此轮博弈的机会。你觉得哪个数字比较合适？

另一半的问卷中有这样的表述：

假设你和一个陌生人一同参与此游戏，在第一轮游戏中，对方选择了"只要我的"，而你却有意地选择了"全部都要"。而在第二轮的游戏中，对方也选择"全部都要"。如果用 0~10 这 11 个数字来表示对方对你的宽恕程度，数字越大表示宽恕的程度越高，例如 0 表示"完全没有宽恕"，10 表示"完全宽恕"。你觉得哪个数字比较合适？

对此，你会如何选择以回应他？如果用 −5~+5 这 11 个数字来表示你的选择，其中 +5 表示非常坚定地选择"只要我的"，+4 表示比较坚定地选择"只要我的"，+3 表示有点犹豫地选择"只要我的"，+2 不太情愿地选择"只要我的"，+1 表示极不情愿地选择"只要我的"。相对应地，−5 表示非常坚定地选择"全部都要"，−4 表示比较坚定地选择"全部都要"，−3 表示有点犹豫地选择"全部都要"，−2 不太情愿地选择"全部都要"，−1 表示极不情愿地选择"全部都要"。如果你实在难以做出选择，可以选择 0，表示放弃此轮博弈的机会。你觉得哪个数字比较合适？

这两处表述的差异在对方第二轮博弈的选择有所不同，前者在第二轮博弈中选择"只要我的"，即宽恕情境，而后者则选择"全部都要"，即非宽恕情境。

（2）50 道题版本的大五人格问卷（50-Item Set of IPIP Big-Five Factor Markers）。该问卷摘自国际人格题库（International Personality Item Pool，IPIP，http：//ipip.ori.org/），由 Goldberg（1992）基于大五人格理论编制，用于测量个体人格特质的五个维度，分别是内外向（Extraversion）、宜人性（Agreeableness）、严谨性（Conscientiousness）、情绪的稳定性（Emotional

Stability）以及理解力 / 想象力（Intellect / Imagination）。每个维度包括 10 个项目，每个项目采用 5 级评分，对于正向计分的项目，选择"非常不正确（Very Inaccurate）"计 1 分，"基本不正确（Moderately Inaccurate）"计 2 分，"不置可否（Neither Inaccurate nor Accurate）计 3 分，"基本正确（Moderately Accurate）"计 4 分，"完全正确（Very Accurate）"计 5 分，反向计分的项目则与之相反。将各项目得分相加可得到各维度的总分。在本研究中，五个分量表的内部一致性系数分别为：0.67、0.71、0.81、0.77、0.88。

（3）感恩问卷。在质性研究中，有受访者提到感恩的因素，如"我是个知道感恩的人"，故在本研究中，将感恩也作为一个可能影响受到宽恕后行为的人格特质。由于感恩可分为状态性感恩和特质性感恩，其中前者指的是面对某种特定的情景或事件而表现出的感恩状态；后者指的是跨情境、跨事件的特质，即面对不同的情境、不同的事件个体都倾向于表现感恩的人格特质。因此本研究采用 McCullough，Emmons 和 Tsang（2002）编制的用于测量特质性感恩的六项目感恩问卷（The Gratitude Questionnaire 6，GQ-6）。该问卷包含六个项目，每个项目均采用 7 点计分，其中 1 表示"强烈地不同意"，2 表示"不同意"，3 表示"有点不同意"，4 表示"不置可否"，5 表示"有点同意"，6 表示"同意"，7 表示"强烈地同意"。其中四个项目为正向计分，两个项目为反向计分。在本研究中，该问卷的内部一致性系数为 0.83。

## 4.6.2　结果

### 4.6.2.1　宽恕变量操纵的有效性分析

与实验 a、b、c 一样，本研究也是通过对方在囚徒困境博弈任务中选择"只要我的"或"全部都要"来形成宽恕或非宽恕情境，并在真被试做出最终选择前让其进行宽恕知觉评价。其中一半被试（$N$=190）接受的是"宽恕"的表述，另一半（$N$=206）被试接受的是"非宽恕"的表述。独立样本 $t$ 检验结果显示，宽恕情境下的知觉评分要显著高于非宽恕情境下的知觉评分（$M_{宽恕}$=6.94，SD

宽恕 $=1.92$ ；$M$ 非宽恕 $=3.44$ ，$SD$ 非宽恕 $=2.33$ ；$t=16.25$ ，$p=0.000$ ），说明对于宽恕情境变量的操纵是有效的。

### 4.6.2.2  大五人格因素对得到宽恕后行为的影响

本研究计划讨论的是人格因素对得到宽恕与否与之后行为两者关系的影响，即个体得到宽恕与否与其之后行为的关系是否受到第三个因素（即人格因素）的影响，这符合调节效应的概念（温忠麟，侯杰泰，张雷，2005）。故按照温忠麟等人（2005）的建议，对宽恕与否、之后行为和人格因素三者之间进行调节效应的检验。其中，宽恕与否是自变量，之后行为是因变量，人格因素是调节变量。在对变量进行中心化处理后，用自变量、调节变量和两者的乘积项的回归模型做层次回归分析：首先做因变量对自变量和调节变量的回归，其次做因变量对自变量、调节变量以及两者的乘积项的回归。若两次回归分析得到的测定系数 R2 差异显著，则表示调节相应显著。

此处，首先以人格因素中的宜人性为例，进行调节效应的分析。此时，自变量和调节变量分别是宽恕的程度（11 点量表上的得分）和宜人性（人格量表中宜人性分量表的得分），因变量为之后的行为（11 点量表上的得分）。中心化处理后分层回归的结果显示，两次回归分析得到的测定系数差异显著（$\triangle R^2=0.054$，$\triangle F=41.709$，$p=0.000$），说明调节效应显著。

为了进一步说明调节效应，对自变量和调节变量进行分组，将宽恕程度按高于和低于平均数的标准分为得到宽恕组和没有得到宽恕组，将宜人性按高于和低于平均数的标准分为高宜人性组和低宜人性组。在此基础上进行 2×2 的方差分析，结果显示得到宽恕与否的主效应显著 [$F（1，392）=157.254$，$p=0.000$]，宜人性的主效应显著 [$F（1，392）=91.246$，$p=0.000$]，两者的交互效应也显著 [$F（1，392）=46.786$，$p=0.000$]，进一步验证了调节效应的显著性。此外，方差分析还得到图 4–10，由该图可见，在高宜人性组，得到宽恕的被试更倾向于不再伤害对方，没有得到宽恕的被试则倾向于再次伤害对方；而在低宜人性组，无论是否得到宽恕，被试都倾向于再次伤害对方。

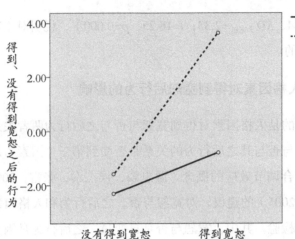

图 4-10　宜人性的调节效应

以同样的方法检验大五人格中其他四个因素的调节效应，结果显示，这四个因素的调节效应均不显著（表 4-4），即在得到宽恕与否与之后行为的关系中，这四个因素不起作用。

表 4-4　大五人格中的其他四个因素的调节效应

| | $\triangle R^2$ | $\triangle F$ | $p$ |
|---|---|---|---|
| 外向性 | 0.001 | 0.812 | 0.368 |
| 严谨性 | 0.003 | 1.794 | 0.285 |
| 稳定性 | 0.005 | 2.843 | 0.059 |
| 想象力 | 0.004 | 2.280 | 0.132 |

尽管表 4-4 显示，外向性等四个因素的调节效应均不显著，但我们注意到，稳定性因素处在边缘显著的状态（$p=0.059$），故以上文同样的方法将宽恕程度按高于和低于平均数的标准分为得到宽恕组和没有得到宽恕组，将稳定性按高于和低于平均数的标准分为高稳定性组和低稳定性组。在此基础上进行 $2 \times 2$ 的方差分析，结果显示两者的交互效应不显著 [$F（1，392）=1.178$，$p=0.279$]，进一步验证了调节效应不著性。此外，方差分析还得到图 4-11，由该图可见，尽管高、低两组稳定性被试的变化趋势线有交叉，但变化趋势和幅度均基本一致，即得到宽恕的被试更倾向于不再伤害对方，而没有得到宽恕的被试则倾向于再次伤害对方，这也不支持稳定

性的调节作用。

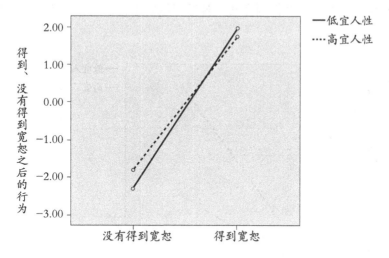

**图4-11　稳定性的调节效应**

### 4.6.2.3　特质性感恩对得到宽恕后行为的影响

本研究将感恩作为一种人格特质，考察其对得到宽恕与否与之后行为两者的关系的影响，故使用和上文同样的方法来检验特质性感恩的调节效应。将相关的变量中心化处理后，分层回归的结果显示，两次回归分析得到的测定系数差异显著（$\triangle R^2$=0.076，$\triangle F$=58.939，$p$=0.000），说明调节效应显著。

为了进一步说明调节效应，对自变量和调节变量进行分组，将宽恕程度按高于和低于平均数的标准分为得到宽恕组和没有得到宽恕组，将特质性感恩按高于和低于平均数的标准分为高感恩组和低感恩组。在此基础上进行2×2的方差分析，结果显示得到宽恕与否的主效应显著 [$F$（1，392）=136.000，$p$=0.000]，感恩的主效应显著 [$F$（1，392）=88.272，$p$=0.000]，两者的交互效应也显著 [$F$（1，392）=19.363，$p$=0.000]，进一步验证了调节效应的显著性。此外，方差分析还得到图4-12，由该图可见，在高感恩组，得到宽恕的被试更倾向于不再伤害对方，而没有得到宽恕的被试则倾向于再次伤害对方，但善待对方的动机显然更强（变化值大约在 –1 至 +4 之间）；而在低宜人性组，无论是否得到宽恕，被试都倾向于再次伤害对方（变化值大约在 –3 至 0 之间）。

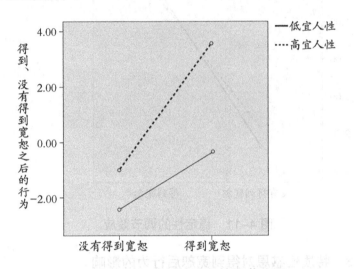

图 4-12 特质性感恩的调节作用

### 4.6.3 讨论

问卷研究 d 的结果显示，冒犯者在得到被冒犯者的宽恕以后，更倾向于不再伤害对方，而这一关系同时受到部分个人因素的影响：首先，宜人性较高的个体在得到宽恕后更倾向于不再伤害对方，没有得到宽恕时则倾向于再次伤害对方；而宜人性较低的个体则无论是否得到宽恕，被试都倾向于再次伤害对方。这并不难理解，国内外研究均显示，大五人格中的宜人性特质与个体的攻击性或攻击行为有着显著的关系，宜人性较低的个体其攻击性也更强（付俊杰，罗峥，杨思亮，2009；聂衍刚，李祖娴，万华，胡春香，2012；Jensen-Campbell，Adams，Perry，Workman，Furdella，& Egan，2002；Pailing，Boon，& Egan，2013）。这也就可以解释，低宜人性的被试为何无论得到宽恕与否，都倾向于再次伤害对方。

其次，特质性感恩也是影响得到宽恕与否与之后行为之间的关系的一个人格特质，即特质性感恩较高的个体在得到宽恕以后更倾向于不再伤害对方，没有得到宽恕时则倾向于再次伤害对方，但善待对方的动机显然更强；而感恩特质较低的个体则无论是否得到宽恕，被试都倾向于再次伤害对方。这可能与特质性感恩与攻击性、亲社会行为之间的关系有关：李安（2009）在研究了青少年犯罪行为后指出，在青少年的犯罪中，感恩是重要的犯罪免疫因素之一，缺乏感恩特质的青少年往往倾向于用暴力手段解决问题；McCullough，Kilpatrick，Emmons 和 Larson（2001）在研究了感恩特质与亲社会行为的关系后指出，感恩能让个体的行为更具有亲社会性（Gratitude prompts individuals to behave prosocially），这也就解释了低感恩特质的个体为何无论得到宽恕与否，都倾向于再次伤害对方。

## 4.7 研究 e：基于真实情境回忆的研究

本章的研究 a、b、c、d 的数据均显示，冒犯者在得到被冒犯者的宽恕后，更倾向于不再伤害对方。然而，这四个研究都是基于博弈任务进行的，因徒困境的博弈任务能够将实验法引入宽恕领域的研究，但是这种基于实验情境的研究其生态效度（ecological validity）常常会受到质疑（Wallace，et al.，2008）。换句话说，这种基于实验情境得出的结论和真实生活中遇到的情况一致吗？被试在实验中的反应和他们在真实生活中的反应一致吗？

针对生态效度受到质疑的问题，研究 e 拟通过真实情境回忆的方法，研究被试在真实生活中遇到同样的问题会有何反应。研究中，被试被要求回忆他们曾经对他人的伤害以及是否得到了对方的宽恕，由此来研究个体在实际生活中得到他人的宽恕后，是会继续伤害对方，还是停止对对方的伤害。

### 4.7.1 方法

#### 4.7.1.1 被试

参与研究 e 的被试为某高校选修《积极心理学》公选课的大学生 147 人，其中有 8 人未按要求操作，故将其删除，纳入最终数据的被试有 139 人，其中男性 58 人，女性 81 人。

#### 4.7.1.2 研究程序

利用公选课时间，向被试发放问卷请其填写，问卷分为以下几个部分。

（1）回忆伤害事件，即请被试回忆并简单描述他们印象最为深刻的一次伤害他人的事件。

（2）宽恕与否，即请被试回答在这件事情之后，他们伤害的对象是否宽恕了他们。

（3）确认宽恕或非宽恕，即请被试描述他们如何确定对方是否已经宽恕他们。

（4）宽恕知觉评价，即请被试在 11 点（0~10）量表上对对方宽恕他们的程度进行评分，数字越大表示宽恕的程度越高，例如 10 表示"完全宽恕"，0 表示"完全没有宽恕"。

（5）宽恕或非宽恕之后的行为，即请被试回答，在后来的生活中是否还遇到了同样或类似的情况，如果有，基于对方宽恕或没有宽恕他，在遇到同样或类似的情况时他是否再次伤害了对方；如果没有，基于对方宽恕或没有宽恕他，假设再次遇到同样或类似的情况，他是否会再次伤害对方。

（6）为进一步描述被试在得到或没有得到对方的宽恕后，其有何反应，此处借鉴 Wallace 等人（2008）的研究，采用四道题来测查被试在得到或没有得到对方宽恕后的行为，这四道题分别是：a. 维护或修复你们之间的关系，b. 相比之前对他更好，c. 尽可能地避免再次伤害他，d. 尝试对自己的伤害做出补偿。四道题均是 11 点（0~10）评分，评分越高表示越符合自己的真实行为，总分越高表示被试在得到或没有得到宽恕后，善待对方的程度越高。在本研究中，四道题的内部一致性系数为 0.958。

（7）控制变量的测量。在前文中，无论是质性研究还是实验研究 a、b、c、d 都提示，双方的关系、报复的可能性、伤害的意图以及部分人格特质是可能影响结果的因素，故在本研究的真实情景回忆中，这些因素也需要被测量，以便在数据统计时加以分析。在被试进行完真实情景回忆部分后，请其继续在 11 点量表（0~10）上作答：a. 你和对方的关系如何，0 表示"完全不认识"，10 表示"非常熟悉"；b. 你在伤害对方后，对方是否有报复你的可能，0 表示"完全没有可能"，10 表示"完全有可能"；c. 你伤害对方的意图如何，0 表示"完全出于无意"，10 表示"完全是故意的"。此外，还通过前文使用的 IPIP 中的宜人性维度和 GQ-6 测查被试的人格特质。

## 4.7.2　结果

### 4.7.2.1　宽恕与否与宽恕知觉评分的一致性

在 4.7.1.2 部分的第（2）步骤中，被试对其是否得到被冒犯者的宽恕做出判断，139 人中有 50 人选择"得到了对方的宽恕"，67 人选择"没有得到对方的宽恕"，还有 22 人不确定是否得到了对方的宽恕。

为了确定被试对于宽恕知觉的准确性，4.7.1.2 部分的第（4）步骤中，被试被要求在 11 点量表上对被冒犯者对其宽恕的程度做出判断，数字越大表示宽恕的程度越高，例如 10 表示"完全宽恕"，0 表示"完全没有宽恕"。以宽恕与否为自变量（分为三种处理，即"得到宽恕"、"没有得到宽恕"和"不确定"），宽恕知觉评分为因变量进行单因素的方差分析，结果显示，三组的差异显著 $[F(2, 138)=82.129, p=0.000]$，进一步事后检验显示，"得到宽恕"组的宽恕知觉评分最高，其次是"不确定"组，而"没有得到宽恕"

组的宽恕知觉评分最低（表4–5）。说明被试对于是否得到被冒犯者的宽恕和其对于宽恕的知觉评价是一致的。

表4–5　宽恕与否与宽恕知觉评分的一致性

|  | M | SD | F | p | 事后检验 |
|---|---|---|---|---|---|
| 得到宽恕 | 7.040 | 2.285 | | | |
| 不确定 | 5.046 | 0.722 | 82.129 | 0.000 | ① > ② > ③ |
| 没有得到宽恕 | 2.821 | 1.547 | | | |

注：①代表"得到宽恕"组，②代表"不确定"组，③代表"没有得到宽恕"组

### 4.7.2.2　宽恕与否对宽恕或非宽恕后行为的影响

表4–6展示的是被试在得到或没有得到被冒犯者的宽恕后，对是否再次伤害对方做出的选择。其中，有50人认为自己得到了对方的宽恕，而这50人中，选择不再伤害对方的人数（$n=43$，86%）要显著多于选择再次伤害对方（$n=7$，14%）的人数（$x^2=25.920$，$p=0.000$）。

同时，有67人认为自己没有得到被冒犯者的宽恕，而在这67人中，选择不再伤害对方的人数（$n=30$，44.78%）和选择再次伤害对方的人数（$n=37$，55.22%）不存在显著差异（$x^2=0.731$，$p=0.392$）。

此外，有22人不确定自己是否得到了被冒犯者的宽恕，而在这22人中，选择不再伤害对方的人数（$n=11$，50%）和选择再次伤害对方的人数（$n=11$，50%）则完全相同。

以上结果说明，当得到被冒犯者的宽恕后，冒犯者不倾向于再次伤害对方。然而，当其没有得到或不确定是否得到对方的宽恕时，冒犯者的行为并没有明显的倾向性。

表4–6　得到（或没有得到）宽恕后被试的行为选择

|  |  | 是否再次伤害 | | 合计 |
|---|---|---|---|---|
|  |  | 再次伤害 | 不再伤害 | |
| 是否得到宽恕 | 得到宽恕 | 7 | 43 | 50 |
| | 没有得到宽恕 | 37 | 30 | 67 |
| | 不确定 | 11 | 11 | 22 |
| 合计 | | 55 | 84 | 139 |

为进一步研究宽恕与冒犯者之后的行为之间的关系，首先通过单样本方差分析检验"得到宽恕"组、"不确定"组和"没有得到宽恕"组在四道题得分上的差异，结果显示，三组差异显著 [$F$（2，138）=20.213，$p$=0.000]，进一步事后检验显示，"得到宽恕"组善待对方的程度最高，而其他两组的得分没有显著差异（表4-7）。说明当被试得到对方的宽恕后，其善待对方的程度要高于没有得到或不确定是否得到被冒犯者宽恕的被试。

**表4-7　三组在四道题上的得分差异**

|  | $M$ | $SD$ | $F$ | $p$ | 事后检验 |
|---|---|---|---|---|---|
| 得到宽恕 | 26.280 | 9.679 |  |  |  |
| 不确定 | 18.682 | 9.110 | 20.213 | 0.000 | ① > ② = ③ |
| 没有得到宽恕 | 14.806 | 9.858 |  |  |  |

注：①代表"得到宽恕"组，②代表"不确定"组，③代表"没有得到宽恕"组

### 4.7.2.3　对其他变量的控制

在暂不考虑双方关系、伤害的意图、报复的可能性以及人格因素等控制变量影响的情况下，考察得到宽恕与否与之后行为之间的相关，结果显示，两者的相关显著（$r$=0.668，$p$=0.000）。此外，由于在前文中，无论是质性研究还是实验研究都提示，双方的关系、报复的可能性、伤害的意图和某些人格特质是可能影响结果的因素，因此将这些变量作为控制变量，进行偏相关分析，结果显示，在控制了这几个变量后，得到宽恕与否与之后行为之间的相关依然显著（$r_{偏相关}$=0.561，$p_{偏相关}$=0.000）。进一步将宽恕的程度、双方的关系、报复的可能性、伤害的意图、宜人性和特质性感恩作为自变量，宽恕后行为作为因变量进行回归分析，结果显示，在六个回归系数中，宽恕与否的回归系数最高，并且是显著的（$t$=11.112，$p$=0.000）。说明在控制了其他变量后，宽恕与否对宽恕后行为的影响是显著的，即随着宽恕程度的提高，被试善待（即不再伤害）被害者的动机也在提高。

### 4.7.3 讨论

研究 e 的总体结果与研究 a、b、c、d 的结论一致，即在现实生活情境中，随着冒犯者得到被冒犯者宽恕程度的提高，其在今后的互动中善待被冒犯者的程度也在提高。此外，本研究还进一步发现，当冒犯者得到被冒犯者的宽恕后，其不倾向于再次伤害对方，而当冒犯者没有得到或不确定是否得到被冒犯者的宽恕后，其行为并没有明显的倾向性。出现这样的差异可能存在以下几点原因：（1）相对回忆善待对方的行为而言，冒犯者在回忆伤害对方的行为时似乎存在困难（Stillwell & Baumeister，1997），简单来说，回忆善待他人更容易，而回忆伤害他人则相对困难。（2）无论是否得到宽恕，相比善待他人而言，伤害他人的行为总是有违社会准则和人际互动规范的，因此被试即使没有得到对方的宽恕，也不倾向于报告他们对他人的伤害。（3）这可能和被试的行为动机有关，即被试是出于善待宽恕者，而非报复非宽恕者的动机（Leng & Wheeler，1979；Nezlek & Brehm，1975）而做出行为的，因此当冒犯者没有得到或不确定是否得到被冒犯者的宽恕后，其行为并没有明显的倾向性。这也为研究三提供了研究思路。

## 4.8  研究二的总讨论

本章研究旨在讨论冒犯者在得到被冒犯者的宽恕以后，其行为有何变化，具体而言，即冒犯者在得到对方的宽恕后，是继续伤害对方，还是停止伤害对方。以往的研究在该问题上存在矛盾之处，既有支持前者的，也有支持后者的。

本研究正是想澄清该问题，故在质性研究的基础上进行了四个分研究，分别在考虑双方的关系、报复的可能性、伤害的意图以及人格特质等因素的基础上，探讨了冒犯者得到宽恕与否对其之后行为的影响。结果，a、b、c、d 四个研究的数据均显示，冒犯者在得到被冒犯者的宽恕后，更倾向于不再伤害对方，这主要体现在 a、b、c 实验研究中，宽恕与否的主效应均显著，d 研究中的相关和回归分析也支持这一点。此外，本研究还进一步证明，冒犯者行为层面的宽恕结果还受到双方的关系、报复的可能性、伤害的意图以及人格因素中的宜人性和特质性感恩的影响，这主要体现在 a、b、c 实验研究中，自变量的交互效应显著，在 d 研究中宜人性和特质性感恩的调节效应显著也证明了这一点。

换句话说，在得到被冒犯者的宽恕后，冒犯者更"倾向于"不再伤害对方，而不是"完全不会"再次伤害对方，例如宜人性和特质性感恩较低的冒犯者，即使得到了被冒犯者的宽恕后，也仍然倾向于再次伤害对方；相反，在没有得到被冒犯者的宽恕后，冒犯者也是更"倾向于"再次伤害对方，而不是"一定会"再次伤害对方，例如如果双方关系较好时，即使没有得到被冒犯者的宽恕，相比面对陌生人而言，冒犯者也不倾向于再次伤害对方。

综上所述，截至目前，本研究通过一个质性研究、三个实验研究和一个问卷研究，对以往该研究的矛盾之处做了初步的澄清。研究中针对以往研究在方法上的不足，对囚徒困境范式在宽恕研究中的运用做了修改，为该领域的研究提供了可能的研究方法。

尽管研究得出了初步的结论，但在此基础之上，仍然有一些问题值得在今后的研究中深入探讨。例如：宽恕或不宽恕的表达方式不同，有人通过语言表达宽恕，有人通过行为表达宽恕，也有人通过态度表达宽恕，这些不同的表达方式对结果是否有不同的影响？宽恕或不宽恕对于被试的长期效应如何，即在得到或没有得到宽恕的一段时间后，得到宽恕与否对之后行为的影响是否有变化？除了双方的关系、报复的可能性、伤害的意图以及人格特质等因素，是否还存在其他的因素会影响冒犯者得到宽恕以后的行为？冒犯者如何在得到宽恕之后，避免再次伤害被冒犯者？本研究人格因素的探讨采用了西方大五人格的理论与工具，而在中国文化背景下，是否有其他人格因素会影响这一关系，如面子、求和等因素，今后的研究也可以通过相关的中国人格量表对该领域进行研究等。

但不管怎样，对于本研究的结论，我们可以用 Wallace 等人（2008）的话来总结，即 "考虑到已有研究中已经明确的宽恕的积极作用，在面对冒犯者时，选择宽恕而不是耿耿于怀对于被冒犯者而言是相对更安全的选择"（considering the many demonstrated benefits of forgiveness，it is encouraging that communicating forgiveness appears to be a safer response to transgressions than holding a grudge）。

## 4.9  结 论

冒犯者在得到被冒犯者的宽恕后，更倾向于不再伤害对方。同时，这一关系受到双方关系、伤害意图、报复的可能性和人格特质等因素的影响。具体而言，在面对陌生人、没有报复可能性或冒犯者故意伤害等情境中，被试在得到宽恕后倾向于不再伤害对方，当没有得到宽恕时，则倾向于再次伤害对方；而在面对熟人、有报复的可能性或冒犯者无意伤害等情境中，尽管被试的选择与前者大体一致，但趋势并不明显。此外，得到宽恕与否和冒犯者之后行为的关系还受到人格特质中的宜人性和特质性感恩的影响。

# 第 5 章　研究三：冒犯者得到宽恕以后行为动机的研究

## 5.1　引言

　　研究二的几个分研究均显示，冒犯者在得到被冒犯者的宽恕后，不倾向于再次伤害被冒犯者。然而，还有一个问题研究二并没有解答，即冒犯者做出这样的选择的动机是什么，是善待宽恕者，还是报复非宽恕者，抑或是两者兼有之？针对该疑问，本章研究拟对冒犯者得到宽恕以后行为的动机加以研究。

　　无论是善待宽恕者的动机，还是报复非宽恕者的动机，在已有的文献中均有提及。例如，Cialdini（1993）就指出，在人际互动中，人们更愿意对友善的行为做出友善的回应，对非友善的行为给予非友善的回应。作为友善姿态的宽恕，往往会得到冒犯者的友善回应，即不再伤害对方；而充满了不满和怨恨的非宽恕行为，则往往会再次带来伤害（Exline & Baumeister，2000；Tabak，McCullough，Luna，Bono，& Berry，2012）。

　　然而，这些文献多是从某一角度出发进行的推论，要明确冒犯者得到宽恕以后的行为动机，还需要进行进一步的研究。研究二发现，冒犯者在得到被冒犯者的宽恕后，更倾向于不再伤害对方；相反地，如果没有得到对方的宽恕，当再次出现伤害情境时，冒犯者则倾向于再次伤害被冒犯者。但这并不能区分冒犯者是出于何种动机做出了这样的行为。如果是出于善待宽恕者的动机，那么只有当冒犯者确定得到对方的宽恕后，才会选择不再伤害对方，即在不确定是否得到对方的宽恕时，冒犯者依然会选择再次伤害对方；而如果是出于报复非宽恕者的动机，那么只有当冒犯者确定对方不宽恕自己后，才会选择再次伤害对方，即在不确定是否得到对方的宽恕时，冒犯者也会选择不再伤害对方。因此，本章研究继续使用前文的总实验程序，并在此基础上做了相应的调整。

通过研究二，囚徒困境范式在该研究中已经得到运用，并得到了预期的效果。但是，如前所述，研究二并不能解答冒犯者做出这样选择的动机是什么，是善待宽恕者，还是报复非宽恕者，抑或是两者兼有之？这是研究三的主要内容。同时，考虑到研究二已经证实了双方关系、报复的可能性、伤害意图以及部分人格特质对于冒犯者得到或没有得到宽恕以后行为的影响，故研究三将这些因素作为额外变量加以控制：其中前三者通过固定法加以控制，即控制所有的被试在实验中均面对陌生人，且被冒犯者没有报复的可能性，同时选择故意伤害对方的被试；此外，相关人格因素也被测量，并在统计处理时加以分析。

基于此，本研究通过一个单因素实验对冒犯者得到宽恕以后的行为动机加以分析。该因素分为三种处理，分别是"得到宽恕"、"没有得到宽恕"和"不确定是否得到宽恕"，如果被试对"得到宽恕"的信息更为敏感，那么可以推断其行为的动机是"善待宽恕者"；如果被试对"没有得到宽恕"的信息更敏感，那么可以推断其行为的动机是"报复非宽恕者"；如果被试在"不确定是否得到宽恕"处理下的反应介于其他两者之间，那么可以推断其行为的动机是两者兼有之。这三种情况的结果可以用下面三张图来更清晰地展示（三张图中，纵轴表示得到或没有得到宽恕后，冒犯者善待被冒犯者的程度，越往上表示善待对方的程度越高；横轴上的"1"、"2"、"3"分别表示"得到宽恕"、"没有得到宽恕"和"不确定"三种情况）：图5-1（a）显示，当冒犯者得到或不确定是否得到对方的宽恕时，其均倾向于善待对方，而只有当其确定没有得到对方宽恕时，才倾向于不善待对方，即"报复非宽恕者"的动机；图5-1（b）显示，当冒犯者没有得到或不确定是否得到对方的宽恕时，其均倾向于不善待对方，而只有当其确定得到对方宽恕时，才倾向于善待对方，即"善待宽恕者"的动机；图5-1（c）则显示两者兼有之的情况，即当冒犯者不确定是否得到被冒犯者的宽恕时，其善待对方的程度介于两者之间。

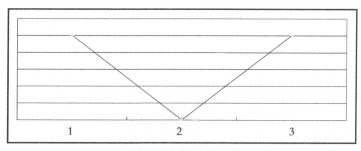

图5-1（a）　"报复非宽恕者"的动机

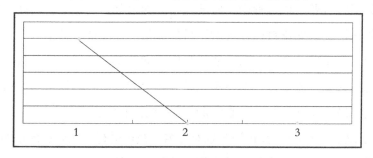

图5-1（b）　"善待宽恕者"的动机

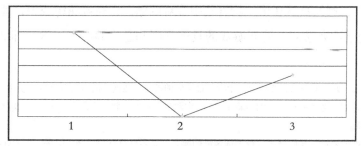

图5-1（c）　两种动机兼有之

同时，研究二中研究 e 的结果一定程度上支持了"善待冒犯者"的动机（第四章 4.7.3 部分也有讨论），但要确定该结果，还需结合进一步的实验。故本研究假设：被试在实验中对"得到宽恕"的信息更为敏感，其得到宽恕以后的行为动机是"善待宽恕者"。

## 5.2　方法

### 5.2.1　实验程序

本研究以第四章 4.2.3 部分和图 4–2 所示的总的实验程序为基础，但在此基础上做了相应的调整，具体程序如下。

真被试依然和三名假被试一组，进行答题游戏。[①] 答题过程中，真被试依然被安排在第一个答题，且连续回答五题，此后三名假被试依次答题，也是每人连续回答五题。该过程中，假被试事先知道题目的答案，因此可根据真被试的答题情况，安排自己的答对题目的数量，以保证真被试以第一名的成绩进入第二轮游戏。此处，与总实验程序不同的是，按照答题的排名，四名被试全部进入第二轮游戏，但在第二轮的博弈游戏中三名假被试身份各有不同。为此，仍然按照表 4–2 安排假被试答对题目的数目。

在第二轮的游戏中，真被试分别对三名假被试进行一场囚徒困境的博弈，具体实验设置如下：首先将被试在第一轮答题中答对的题目数换算成现金，9 元 / 题[②]，例如被试在第一轮答题中答对四题，则在该轮游戏中，他将有 36 元现金用于博弈游戏。博弈游戏的具体规则和总实验程序一致，即如果两人

---

① 由于研究三的被试并非研究二中参与过实验的被试，故此处的答题题目可以使用研究二中已经使用过的题目，考虑到研究二的实验 a、b、c 中题目的难度，此处将研究二实验 a 的题目作为本研究的实验材料。

② 因被试要对三名假被试进行囚徒困境的博弈，需要将持有的现金三等分，故此处按照 9 元 / 题换算，以方便现金的划分。

都选择"只要我的"，那就各自获得各自的现金；如果一人选择"只要我的"，而另一人选择"全部都要"，那么后者不但能保住自己的现金，还能将前者的现金占为己有；如果两人都选择"全部都要"，那么两人非但不能得到对方的现金，还将失去自己的现金。

和总实验程序一样，该轮的博弈游戏又分成两轮，被试要将自己的现金（例如36元）等分成两份（各18元），各用于一次博弈游戏，而在每一次博弈游戏中，真被试继续将现金三等分（各6元），分别用于和三名假被试博弈。在博弈游戏开始前，告知真被试，由于在第一轮游戏中他是第一名，因此在博弈游戏中，他拥有两个特权，一是在第一轮博弈中，另三个假被试只能选择"只要我的"，而真被试可以自由选择；二是在第二轮博弈中，和总的实验程序不一样的是，另三个假被试可以自由选择，但在答题游戏中获得第三、四名的假被试的选择必须给真被试看，而在答题游戏中获得第二名的假被试的选择则不用给真被试看，即真被试将在看到第三、四名的选择和没有看到第二名的选择的基础上，再做出选择。此时，真被试不但要在两者之中选择一个，还要选择做出该选择的犹豫或坚定程度。

和总的实验程序一样，这里的两轮博弈游戏分别是宽恕过程的两个情境。其中第一轮博弈是伤害情境，如果真被试在第一轮博弈中选择"全部都要"，那么很显然，假被试的经济利益就会遭受损失，因此形成一个伤害情境；第二轮博弈是宽恕情境，即假被试在第二轮的选择构成了"宽恕"或"不宽恕"的情境。Tabak等人（2013）就指出，在囚徒困境的博弈任务中，如果被试在受到伤害后继续选择与对方"合作"（即此处的"只要我的"），那么我们可以将该行为看作是被试的宽恕行为。因此，在第二轮博弈游戏中，如果假被试选择"只要我的"，那就构成了"宽恕"情境，如果假被试选择"全部都要"，那就构成了"不宽恕"情境。

而在被研究中，第三、四名的假被试分别被安排选择"只要我的"和"全部都要"，即让真被试同时体验"宽恕"和"不宽恕"的情境，而第二名的被试由于其选择不会给真被试看，因此构成了"未知"情景，即不确定是否得到被冒犯者的宽恕。

简单来说，实验首先通过答题排出名次，同时保证真被试获得第一名。答题结束后，四人被带到四个不同的教室，让他们互不见面进行第二轮博弈游戏，而实际上，假被试在第一轮结束后就可离开，由于双方互相不见面，因此他们在博弈游戏中的操作，实际是由研究者事先安排好的。此后，由于假被试在博弈游戏的第一轮中只能选择"只要我的"，故真被试可以直接做出他的选择，然后研究者假装将他的选择告知假被试。然后，研究者将事先准备好的假被试的"选择"告知真被试，其中一个是"只要我的"，另一个是"全部都要"，第三个不告知，并且不告知哪个选择对应的是哪个假被试，以免真被试与假被试的关系影响实验结果。同时，真被试根据假被试的选择，对假被试是否宽恕他做出评价，以确定宽恕情境设置的有效性。最后，真被试在 11 点量表上做出选择。如果将真被试称为 A，假被试称为 B（答题游戏的第二名）、C（答题游戏的第三名）、D（答题游戏的第四名），总实验程序的具体步骤描述如下图。

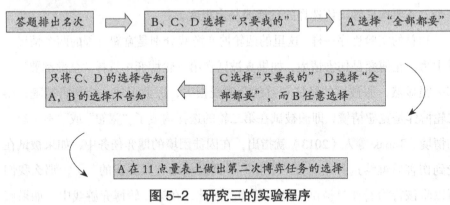

图 5-2　研究三的实验程序

## 5.2.2　被试

考虑到研究二中的被试，尤其是 II 类被试已经参与了多次实验，如再次让他们参与实验，本实验的任务虽然不会产生明显的练习效应，但不免让他们对实验的真实性产生怀疑①，故本研究再次在某大学中征集了 169 名大学生参与本章研究被试的初步筛选。首先，向这 169 名大学生介绍第四章 4.2.3 部分和图 5-2 所示的总的实验程序。在确定他们明白规则后，向他们发放一张筛选问卷，请他们回答"如果你和一个陌生人一起完成这项任务，当你得知对方选择的是'只要我的'的时候，你会如何选择？"，同时告知参与实验可获得一定的现金。

本章研究不考虑双方关系等其他因素对实验的影响，故在问题表述中写明博弈对象是陌生人，而且筛选问卷也仅有两个选项，一是选择"全部都要"，二是选择"只要我的"。此外，他们还要回答是否愿意参与此次心理学研究，如愿意则留下联系方式。结果 169 名大学生中，有 89 人选择"只要我的"，80 人选择"全部都要"，而后者中有 72 人愿意参与此次实验，具体结果如下图：

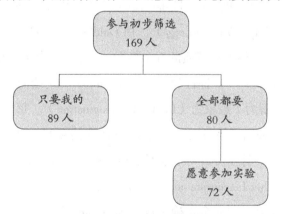

**图 5-3　被试的筛选情况**

本研究的被试是上文提及的愿意参与此次实验的 72 名大学生，其中男生 50 人，女生 22 人。在实验中删除不符合要求的被试 9 人（男生 7 人、女生 2 人），其中 4 人是因为出现表 4-2 中所示的作废情况，即在第一轮游戏中只答对 1 题或全部答错，另外 5 人是因为在博弈任务的第一轮中没有对另外三人选择"全

① 在本研究的实验程序中，要求真被试在第一轮答题时以第一名的成绩进入下一轮，而在研究二的几个分研究中，被试均是第一名，如再次让他们参与实验，并且再次获得第一名，不免让他们对实验的真实性产生怀疑，从而影响实验结果的真实性。

部都要"，因而没有形成实验需要的伤害情境。最终纳入数据分析的被试有63人，其中男生43人，女生20人。

### 5.2.3 研究工具

研究二证实，双方的关系、报复的可能性、伤害的意图以及部分人格因素会影响个体在得到宽恕以后的行为。由于本实验研究在设计上控制了前三者，即双方关系为陌生人、被冒犯者没有报复的可能性、冒犯者是主动冒犯被冒犯者的，故本研究中只对被试的部分人格因素加以测量，并在数据处理时加以分析。具体使用的工具包括：

（1）50道题版本的大五人格问卷（50-Item Set of IPIP Big-Five Factor Markers）中的宜人性维度。该问卷摘自国际人格题库（International Personality Item Pool，IPIP，http：//ipip.ori.org/），由 Goldberg（1992）基于大五人格理论编制，用于测量个体人格特质的五个维度，分别是内外向（Extraversion）、宜人性（Agreeableness）、严谨性（Conscientiousness）、情绪的稳定性（Emotional Stability）以及理解力/想象力（Intellect/Imagination）。每个维度包括10个项目，每个项目采用5级评分，对于正向计分的项目，选择"非常不正确（Very Inaccurate）"计1分，"基本不正确（Moderately Inaccurate）"计2分，"不置可否（Neither Inaccurate nor Accurate）计3分，"基本正确（Moderately Accurate）"计4分，"完全正确（Very Accurate）"计5分，反向计分的项目则与之相反。将各项目得分相加可得到各维度的总分。

由于前一章研究发现，大五人格中只有宜人性维度与冒犯者得到宽恕以后的行为有关，因此本研究仅使用其中的宜人性维度的十个项目。在本研究中，其内部一致性系数为0.70。

（2）感恩问卷。采用 McCullough，Emmons 和 Tsang（2002）编制的用于测量特质性感恩的六项目感恩问卷（The Gratitude Questionnaire 6，GQ-6）。该问卷包含六个项目，每个项目均采用7点计分，其中1表示"强烈地不同意"，

2 表示"不同意"，3 表示"有点不同意"，4 表示"不置可否"，5 表示"有点同意"，6 表示"同意"，7 表示"强烈地同意"。其中四个项目为正向计分，两个项目为反向计分。在本研究中，该问卷的内部一致性系数为 0.88。

# 5.3　结　果

## 5.3.1　答题题目的筛选、编排与难度分析

本研究使用的题目的筛选、编排、难度分析以及主观难度差异分析详见第四章 4.3.2.1 部分。

和前一章研究不同，因本章研究只涉及一组被试，即被试只需要参加一次实验，故不存在将题目分组并用于不同实验的必要，所以本研究选取第四章实验 a 所使用的题目作为研究材料。

## 5.3.2　宽恕变量操纵的有效性分析

本研究通过假被试在囚徒困境博弈任务中选择"只要我的"、"全部都要"，或不告知被试其选择，来形成宽恕、非宽恕和不确定情境，并在真被试做出最终选择前让其进行宽恕知觉评价，即请被试回答：

由于在上一轮游戏中，你选择了"全部都要"，这实际上给你的对手造成了经济上的损失，如果用 0~10 这 11 个数字表示对方对你的宽恕程度，数字越大，表示他们宽恕你的程度也越大，例如 0 表示"完全没有宽恕"，10 表示"完全宽恕"，你觉得哪三个数字比较合适？

单因素重复测量的方差分析结果显示，被试在三种情境下的宽恕知觉评分存在显著差异（$M_{宽恕}$=7.143，$SD_{宽恕}$=1.974；$M_{非宽恕}$=3.206，$SD_{非宽恕}$=1.911；$M_{不确定}$=4.873，$SD_{非宽恕}$=1.465；$F$=77.012，$p$=0.000）。

进一步进行事后检验，分析两两之间的差异。结果显示，"得到宽恕"

组的宽恕知觉评分要显著高于"没有得到宽恕"组（Mean Difference=3.937，*p*=0.000）和"不确定"组（*Mean Difference*=2.270，*p*=0.000），同时"没有得到宽恕"组的宽恕知觉评分也要显著高于"不确定"组（*Mean Difference*=1.667，*p*=0.000）。这说明实验对于宽恕情境变量的操纵是有效的。

### 5.3.3 卡方检验的结果

如果将11点量表的连续数据转化成非连续数据的"再次伤害"、"不再伤害"和"不确定"，虽然不能进行精确的参数检验，只能进行卡方检验，但结果更直观。故首先将实验结果的连续性数据（11点量表上的数据）转化成非连续数据，其中将"1~5"转化成"不再伤害"，"−1~−5"转化成"再次伤害"，"0"转化成不确定。被试面对"宽恕"、"不宽恕"和"不确定"三种情境，其反应如下：

**表5−1 转化成非连续数据后的结果**

| | | 是否再次伤害 | | | 合计 |
|---|---|---|---|---|---|
| | | 再次伤害 | 不确定 | 不再伤害 | |
| 是否得到宽恕 | 得到宽恕 | 14 | 4 | 45 | 63 |
| | 没有得到宽恕 | 40 | 0 | 23 | 63 |
| | 不确定 | 36 | 1 | 26 | 63 |
| 合计 | | 90 | 5 | 94 | 189 |

卡方检验显示，该组数据存在显著差异（$x^2$=27.352，*p*=0.000）。与此同时，结果还显示，*Phi*=0.384（*p*=0.000），*Cramer's V*=0.272（*p*=0.000），说明"是否得到宽恕"与"是否再次伤害"之间的关系不紧密，这与卡方检验明显存在出入，为此需要进一步进行两两比较。而为了进一步检验具体哪两组之间存在显著差异，需要对数据进行分割，具体步骤如下：

观察数据可知，三组数据中，"没有得到宽恕"组和"不确定"组在三个选项上的比率更为接近，故首先对这两组进行卡方检验，结果显示，这两组的差异不显著（$x^2$=1.394，*p*=0.498）。基于这两组数据没有显著差异，进一步将这两组数据合并，形成新的四格表，如表5−2。此后，再次对新产生的数据进行卡方检验，结果显示差异显著（$x^2$=26.641，$p$=0.000）。该结果说明，"没有得到宽恕"组和"不确定"组的数据是同质的，并且它们都与"得到宽恕"组的数据有显著差异。换句话说，当冒犯者没有得到或不确定是否得到被冒犯者的宽恕时，其行为是一致的。结合图 5-4 可知，当被试得到对方的宽恕时，选择"不再伤害"对方的人数显然更多；而当被试没有得到或不确定是否得到对方的宽恕时，其行为是一致的，即选择"再次伤害"对方的人数增加，但同时选择"不再伤害"对方的人数也有不少。

**表 5-2　合并后的数据**

| | | 是否再次伤害 | | | 合计 |
|---|---|---|---|---|---|
| | | 再次伤害 | 不确定 | 不再伤害 | |
| 是否得到宽恕 | 得到宽恕 | 14 | 4 | 45 | 63 |
| | 合并组 | 76 | 1 | 49 | 126 |
| 合计 | | 90 | 5 | 94 | 189 |

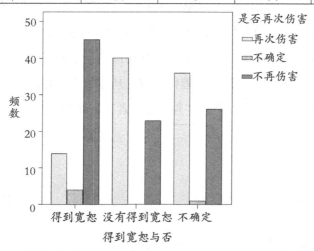

**图 5-4　得到宽恕与否对是否再次伤害的影响**

## 5.3.4　方差分析的结果

如前文所述，卡方检验能够比较直观地展现研究中被试的选择，但要进一步检验，还需要对 11 点量表的连续数据进行方差分析。以得到宽恕与否为自变量，被试在11点量表上的选择为因变量，进行单因素重复测量的方差分析，结果显示，得到宽恕与否的主效应显著（$F=34.827$，$p=0.000$）。

进一步进行事后检验，结果显示，"得到宽恕"组（$M=1.238$，$SD=0.299$）在11点量表上的选择显著高于"没有得到宽恕"组（$M=-1.794$，$SD=0.333$）（$Mean\ Difference=3.032$，$p=0.000$），同时也要显著高于"不确定"组（$M=-1.476$，$SD=0.346$）（$Mean\ Difference=2.714$，$p=0.000$），而"没有得到宽恕"组和"不确定"组之间不存在显著差异（$Mean\ Difference=0.317$，$p=0.065$）。

结合图5-5可知，当得到被冒犯者的宽恕后，其善待被冒犯者的程度更高，而当冒犯者没有得到或不确定是否得到对方的宽恕时，其善待对方的程度相对较低，且在这两种情况下善待对方的程度不存在显著差异。该结果说明，冒犯者对于"宽恕"的信息更加敏感，而对于"非宽恕"信息的敏感程度则和"不确定"（中性）的信息相同。该结果与图5-1（b）相符合，即当冒犯者没有得到或不确定是否得到对方的宽恕时，其均倾向于不善待对方，而只有当其确定得到对方宽恕时，才倾向于善待对方。从本研究的目的出发，说明冒犯者在得到宽恕以后行为的动机是"善待宽恕者"，而非"报复非宽恕者"。

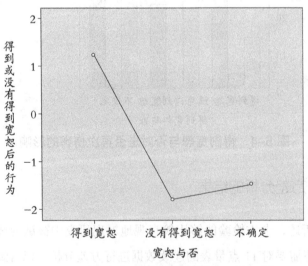

图5-5　宽恕后行为随宽恕与否变化的折线图

### 5.3.5　对控制变量的分析：协方差分析的结果

同时，为了控制人格因素，尤其是前文证明存在影响的宜人性和特质性感恩对结果的影响，本研究还同时收集了被试在大五人格量表宜人性维度和特质性感恩量表上的得分，将其作为额外变量加以控制。此处，以得到宽恕与否为自变量，被试在第二轮博弈中 11 点量表上的得分为因变量，同时以其在以大五人格量表宜人性维度和特质性感恩量表上的得分为协变量，进行单因素重复测量的方差分析。结果显示，在控制了这两个人格因素的基础上，尽管"宽恕与否"能够解释总变异的比率从 40.5% 下降为 27.1%，但其主效应依然是显著的（F=6.000，p=0.017）。该结果说明，即使是在控制了人格因素的基础之上，得到宽恕与否对于冒犯者之后的行为依然有着显著的影响。

## 5.4　讨　论

本章研究旨在讨论冒犯者在得到或者没有得到或者不确定是否得到被冒犯者的宽恕时其行为变化的动机，具体而言，即冒犯者的行为是出于善待宽恕者的动机，还是报复非宽恕者的动机，抑或是两者兼有之。基于该研究目的，本章研究在第四章研究的总实验程序的基础上稍有改动，即让被试在博弈任务中同时体验到被冒犯者的宽恕、不宽恕和不确定，然后考察冒犯者在不同情境中的反应。结果显示，当得到被冒犯者的宽恕后，冒犯者善待被冒犯者的程度要显著高于没有或不确定是否得到宽恕时，换句话说，无论是没有得到对方的宽恕，还是不确定是否得到对方的宽恕，冒犯者都倾向于再次伤害对方（这主要体现在图 5-5 中，"没有得到宽恕"和"不确定"的点都是负值），而只有当冒犯者确定自己得到对方的宽恕时，他才会停止对被冒犯者的再次伤害（这主要体现在图 5-5 中，"得到宽恕"的点是正值）。

该结果符合个体在面对明确信息和模糊信息时的效用判断，即相对于明确的信息（在本研究中，明确的信息是"得到宽恕"或"没有得到宽恕"），

个体在面对模糊信息（在本研究中，模糊的信息是"不确定是否得到宽恕"）时，对其效用的判断明显偏低（Soman & John，2001）。也就是说，在本研究中，相比"得到宽恕"和"没有得到宽恕"这样的明确信息而言，冒犯者对于"不确定是否得到宽恕"这样的模糊信息效用的判断较低，即模糊信息对其的作用相对较小。因此，当"不确定"这样的模糊信息对冒犯者的作用相对较小时，他便会坚持原来的行为，即再次伤害被冒犯者。而只有当其获得明确的"得到宽恕"的信息后，冒犯者才会停止进一步的冒犯，即冒犯者得到或没有得到宽恕以后行为的变化是出于善待宽恕者，而非报复非宽恕者的动机。

最后，就对人际互动的启示而言，本研究的结论进一步证实了宽恕是处理人际伤害的有效方式之一（Hui & Chau，2009）。本章研究的结论对于人际互动的启示之一就是，在面对人际冒犯时，被冒犯者应当明确地做出宽恕或不宽恕的决定。从宽恕角度而言，前章研究和以往研究都证明，宽恕对于冒犯者和被冒犯者双方而言都具有积极的作用；从不宽恕的角度而言，被冒犯者即使决定不宽恕冒犯者，也应当明确地做出回应，并如前文所述，切断与冒犯者之间可能的联系，而非犹豫不决。因为仅从本章研究的结论而言，当冒犯者没有得到或不确定是否得到对方的宽恕时，其结果是一致的，即都倾向于再次伤害对方。

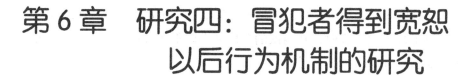

# 第6章 研究四：冒犯者得到宽恕以后行为机制的研究

## 6.1 引言

研究二证明了，冒犯者在得到被冒犯者的宽恕后，不倾向于再次伤害对方，即"伤害—宽恕—不伤害"的过程；研究三进一步显示，冒犯者做出该行为的动机是"善待宽恕者"，即只有当确定自己已经得到对方的宽恕后，冒犯者才倾向于不再伤害对方。然而，这些研究并没有指出冒犯者得到宽恕以后行为的机制，即从得到宽恕（或没有得到宽恕）开始，到最终做出行为反应，这之间经历了哪些变化，这是先前研究没有涉及的，故本章拟对该问题进行研究。

有研究显示，被冒犯者的宽恕会提升冒犯者的内疚程度，因为尽管从被冒犯者的角度而言，宽恕意味着他们放弃对冒犯者的怨恨和不满，然而被冒犯者这种"大度"的行为，反而会让冒犯者觉得自己对被冒犯者有更多的亏欠，从而使得其内疚程度提高（Baumeister, Stillwell, & Heatherton）。正如 Kelln 和 Ellard（1999）所言，从 Adams 的公平理论（Equity Theory）或社会比较理论出发，被冒犯者的宽恕提升了冒犯者对被冒犯者的负罪感，因此冒犯者需要额外地付出从而弥补他的过失。Leith 和 Baumeister（1998）指出，这个是由于内疚感的提升，使得个体更倾向于善待对方，而不是再次伤害对方，即 Kelln 和 Ellard 所说的弥补自己的过失。尽管也有研究者认为被冒犯者的宽恕不仅不会提升冒犯者的内疚，反而会降低其内疚的程度，但是 Baumeister 等人反驳认为，这是因为研究者混淆了宽恕与纵容的关系，当冒犯者觉得自己的冒犯行为被纵容时，其内疚的程度便会降低（Baumeister, Stillwell, & Heatherton, 1994）。

尽管内疚是一种非愉悦的情感体验，但研究者均指出其具有明显的亲社会作用，能够促进个体对他人的关心（de Hooge, Nelissen, Breugelmans, & Zeelenberg, 2011），还有研究者指出内疚有助于良好人际关系的形成（Baumeister, Stillwell, & Heatherton, 1994; Leith & Baumeister, 1998）。从这个角度而言，冒犯者得到宽恕以后的行为是通过其内疚情绪体验而产生的。因此本章研究假设：冒犯者得到宽恕与否是通过内疚对其之后行为产生影响的，即在宽恕与否对之后行为的影响中，内疚是中介变量（如图 6-1）。

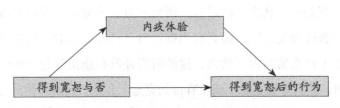

**图 6-1  中介作用的假设模型**

根据图 6-1 形成本章研究的研究假设 1：在得到宽恕与否对得到宽恕后的行为的影响中，内疚的体验是中介变量。

进一步分析内疚的机制，即内疚又是如何产生的，不同的学者从不同的角度进行了分析。早期的研究者从精神分析的角度出发，认为内疚是源于个体内部的冲突，例如弗洛伊德认为个体内心的冲突，尤其是超我与本我之间的冲突导致了内疚的产生，超我通过内疚来影响自我（转引自 Baumeister, Stillwell, & Heatherton, 1994）；也有学者从心理发展的角度认为，内疚源自于个体的依恋，即个体在做出错误行为后的焦虑是源自父母的回避，是因为个体感受到被排斥的威胁（Kochanska & Aksan，1995）；此外，还有研究者认为内疚的产生是因为个体失去了自我控制感，源于个体行为与社会道德之间的冲突（转引自张琨，方平，姜媛，于悦，欧阳恒磊，2014）。

然而，由于宽恕是人际互动中的重要行为和特质，因此从人际层面出发，很多研究者认为内疚是由共情引起的（张琨等，2014）。在《儿童心理学手册》中，共情被认为是"基于对另一个人情绪状态或状况的理解所作出的情感反应，这种情感反应等同或类似于他人正在体验的感受或可能体验的感受"[①]。Brown 和 Cehajic（2008）的研究就发现，高共情特质的个体更容易体验到内疚；Baumeister 等人（1994）也指出，内疚源于个体共情的唤起，产生内疚的典型原因就是感受到同伴的痛苦；Howell，Tutowski 和 Buro（2012）也认为，人类生来就会对他人的痛苦以及遭受到的灾难产生共情，而当个体将这些痛苦和灾难归结为他们自身的原因时，便会对遭受痛苦和灾难的人产生内疚。因此，Eisenberg（2000）总结认为，个体产生内疚的基础就是个体看到同伴经历痛苦而产生消极的情绪体验。

基于以上关于内疚产生机制的分析，本研究进一步假设，在冒犯者得到（或没有得到）宽恕与其内疚体验产生之间，个体的共情是调节变量，即得到宽恕与否对内疚体验的影响受到个体共情能力的调节（如图6-2）。

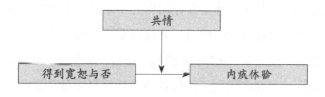

**图6-2　调节作用的假设模型**

---

[①]　该概念摘自戴蒙等人所著的《儿童心理学手册》第6版第3卷，由林崇德、李其维、董奇主持翻译，上海：华东师范大学出版社。

根据图 6-2 形成本章研究的研究假设 2：在得到宽恕与否对内疚体验的影响中，个体的共情水平是调节变量。

整合以上两个假设，我们可以得到一个有调节的中介作用假设模型（如图 6-3）。Edwards 和 Lambert（2007）总结了七种有调节的中介模型，分别是调节变量调节中介过程的直接路径、调节变量调节中介过程的前半路径、调节变量调节中介过程的后半路径、调节变量调节中介过程的前半和后半路径、调节变量调节中介过程的前半和直接路径、调节变量调节中介过程的后半和直接路径、调节变量调节中介过程的所有路径。很显然，图 6-3 的假设模型属于调节变量调节中介过程的前半路径。

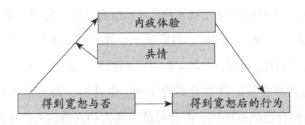

**图 6-3　有调节的中介作用假设模型**

根据图 6-3 形成本章研究的研究假设 3：得到宽恕与否对得到宽恕后行为的作用是有调节的中介作用，其中得到宽恕与否通过内疚体验对得到宽恕后的行为发生作用，而得到宽恕与否对内疚体验的作用还受到共情能力的调节。

变量研究中的调节作用和中介作用引起了学者们的关注，国内学者最初将有调节的中介效应介绍到国内时，并没有明确区分调节性中介作用的类别（温忠麟，刘红云，侯杰泰，2012；温忠麟，张雷，侯杰泰，2006），如此一来，在解释变量关系时就存在问题了，很难精确地解释变量关系的机制。而按照 Edwards 和 Lambert 的分类，变量之间的关系就更加明确，解释也更加清晰。对此，温忠麟和叶宝娟（2014）进一步总结了有调节的中介作用的检验步骤，为检验有调节的中介作用，尤其是区分调节变量调节位置的调节性中介作用提供了可能性。具体步骤如下：

（1）检验回归方程 $^{14}Y=c_0+c_1X+c_2U+c_3UX+e_1$[①] 的回归系数 $c_1$ 和 $c_3$，尤其是回归系数 $c_3$，因为 $c_3$ 显著与否反映了中介模型中的直接作用是否受到调节。

（2）检验回归方程 $W=a_0+a_1X+a_2U+a_3UX+e_2$ 的回归系数 $a_1$ 和 $a_3$。

（3）如果中介模型中的直接作用受到调节（即 $c_3$ 显著），则进一步检验回归方程 $Y=c'_0+c'_1X+c'_2U+c'_3UX+b_1W+b_2UW+e_3$ 中的回归系数 $b_1$ 和 $b_2$。

（4）相反地，如果中介模型中的直接作用没有受到调节（即 $c_3$ 不显著），则进一步检验回归方程 $Y=c'_0+c'_1X+c'_2U+b_1W+b_2UW+e_4$ 中的回归系数 $b_1$ 和 $b_2$。

（5）如果出现 $a_1 \neq 0$ 且 $b_2 \neq 0$（情况 1），或者 $a_3 \neq 0$ 且 $b_1 \neq 0$（情况 2），或者 $a_3 \neq 0$ 且 $b_2 \neq 0$（情况 3）其中任意一种情况，则说明中介作用受到调节变量的调节，其中情况 1 说明中介作用的后半路径受到调节，情况 2 说明中介作用的前半路径受到调节，情况 3 说明中介作用的前、后路径均受到调节。

（6）如果以上三种情况均未出现，尚不能确定中介作用是否受到调节，还需使用非参数百分位 Bootstrap 法或者 MCMC 法对系数乘积做区间检验；如果检验结果显示至少有一组乘积项是显著的，则说明调节性中介作用是显著的。

（7）如果步骤（6）中没有一组乘积项显著，则还需要检验中介效应的最大值与最小值之差；如果该差值是显著的，则也可以说明调节性中介作用是显著的，反之则可认为有调节的中介模型不成立。

温忠麟和叶宝娟（2014）用流程图的形式清晰地展示了检验有调节的中介作用的步骤，如图 6-4。本研究拟按照该步骤，对有调节的中介作用假设模型（图 6-3 所示）进行检验。

---

① 在该处涉及的回归方程中，X 表示自变量，Y 表示因变量，U 表示调节变量，W 表示中介变量。在本研究中，即 X 表示得到宽恕与否（或得到宽恕的程度），Y 表示得到宽恕之后的行为（或得到 / 没有得到宽恕后善待对方的程度），U 表示共情能力，W 表示内疚程度。

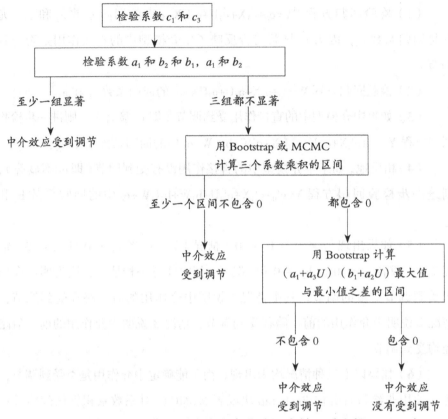

**图 6-4　有中介的调节作用的检验步骤（温忠麟，叶宝娟，2014）**

# 6.2　方法

## 6.2.1　研究对象

　　在南京市两所高校，利用"积极心理学"和"社会心理学"公共选修课[①]的时间，向选修这两门课的大学生发放问卷，当场填写后回收。发放问卷前，

----

　　① 之所以选择选修公共选修课的学生，是因为公共选修课是面向全校开放选修的课程，避免了参与者来自同一专业，在一定程度上保证了参与者的代表性。

首先向学生说明问卷上不需要填写姓名等个人信息，请他们放心填写出自己真实的想法，并且说明该问卷仅用于学术研究，不作他用。

共发放问卷550份，回收有效问卷509份，其中男性197人（占总人数的38.7%），女性276人（占总人数的54.2%），另有36人未填写性别和年龄信息（占总人数的7.1%），平均年龄为21.01±1.32岁。

## 6.2.2　研究工具

### 6.2.2.1　宽恕及宽恕后行为测查

首先请被试回忆并简单描述他们印象最为深刻的一次伤害他人的事件，以及在这件事情之后，他们伤害的对象是否宽恕了他们。此后，请被试进行宽恕知觉评价，即请被试在11点(0—10)量表上对对方宽恕他的程度进行评分，数字越大表示宽恕的程度越高，例如"10"表示完全宽恕，"0"表示完全没有宽恕。此后，借鉴Wallace等人（2008）的研究，采用四道题来测查被试在得到或没有得到对方宽恕后的行为，这四道题分别是：a. 维护或修复你们之间的关系，b. 相比之前对他更好，c. 尽可能地避免再次伤害他，d. 尝试对自己的伤害做出补偿。四道题均是11点（0—10）评分，评分越高表示越符合自己的真实行为，总分越高表示被试在得到或没有得到宽恕后，善待对方的程度越高。在本研究中，四道题的内部一致性系数为0.916。

### 6.2.2.2　内疚的测量

研究者将内疚划分为特质性内疚和情境性内疚，其中特质性内疚是指个体是否容易产生内疚的人格特质，它具有跨时间、跨情景的一致性；而情境性内疚又称状态性内疚，是指个体面对某个特定的伤害事件而产生的内疚体验。尽管两者存在一定的区别，但两者又具有明显的一致性，即特质性内疚较高的个体，在面对特定的情境时，也容易产生内疚的体验；相反，特质性内疚程度较低的个体在面对特定情境的事件时，其产生内疚体验的可能性也相对较低。为此，本研究在测量情境性内疚的同时，用特质性内疚量表对情境性内疚的测量做检验。

首先，对于情境性内疚的测量，学者们编制了不同的问卷，例如自我情感觉知测查（Test of Self-Conscious Affect，TOSCA，Tangney，Wagner，& Gramzow，1989）、情境性内疚问卷（Situational Guilt Inventory，SGI，Arimitsu，2002）等。综合而言，情境性问卷主要是列举可能的伤害情境，然后请被调查者选择自己面对该情景时内疚的程度，例如 Arimitsu（2002）的情境性内疚问卷就列举了 37 个可能的人际伤害情境，受测者需要假设自己是该情景中的冒犯者，然后用 4 级评分来表示自己在该情境中的内疚程度，例如"我说谎了（When I tell a lie）"、"我忘了归还向朋友借的东西（When I realize I forgot to return something I borrowed from a friend）"、"我浪费了粮食（When I don't finish my food）"等。

基于不同情境之间的差异，本研究采用直接评分的方法测查被试的情境性内疚，即请被试回答：

当对方宽恕你（或没有宽恕你）以后，你是否觉得内疚？如果用 0—10 这 11 个数字表示你当时的内疚程度，数字越大表示内疚的程度越高，例如 0 表示完全不内疚，10 表示非常内疚，你觉得哪个数字最能反映你当时的内疚程度？

为了避免单一项目测量的不准确性，同时基于情境性内疚和特质性内疚具有较高的一致性，本研究同时采用 Cohen 和 Wolf 等人编制的"内疚和羞愧倾向量表"（Guilt and Shame Proneness Scale，GASP）（Cohen，Wolf，Panter，& Insko，2011；Wolf，Cohen，Panter，& Insko，2010）[1]对情境性内疚的单一项目进行验证。GASP 是用来测量个体在人际伤害情境中表达内疚和羞愧倾向的个体差异，问卷包含四个维度，分别是：内疚－消极行为（Guilt-

---

① 该问卷的版权归美国心理学会（American Psychological Association，APA）所有，使用之前已通过其网站（http：//www.apa.org/about/contact/copyright/process.aspx）申请使用该问卷，并得到允许。

Negative-Behavior-Evaluation，Guilt-NBE）、内疚－补偿（Guilt-Repair）、
羞愧－消极行为（Shame-Negative-Self-Evaluation，Shame-NSE）和羞愧－退
缩（Shame-Withdraw）。本研究选用其中和内疚相关的两个维度，分别是内疚－
消极行为和内疚－补偿，这两个维度均包含四个项目，每个项目均采用 7 级
评分，评分越高表示越符合自己的情况，例如"1"表示"非常不符合（Very
Unlikely）"，"7"表示"非常符合（Very Likely）"。在本研究中，两个维
度的内部一致性系数分别为 0.736 和 0.823。

### 6.2.2.3　共情的测量

本研究采用 Jolliffe 和 Farrington（2006）编制的基本共情量表（Basic
Empathy Scale，BES）。该量表共有 20 个项目，分为认知共情（Cognitive）和
情感共情（Affective）两个维度，其中认知维度包含 9 个项目，情感维度包含
11 个项目，每个项目采用 5 级评分，评分越高表示越同意项目的描述，例如
"1"表示"完全不同意（strongly disagree）"，"5"表示"完全同意（strongly
agree）"。

BES 基于 Cohen 和 Strayer（1996）关于共情的定义"对他人情绪状态和
情绪内容的理解和分享（as the understanding and sharing in another's emotional
state or context）"而编制，并考虑到以往共情量表的不足，避免将共情与同情、
社会称许、人际交往能力等变量相混淆（Jolliffe & Farrington，2006），具有良
好的信效度指标，并在法国、意大利等地区被证明其相关指标的跨文化一致性
（Albiero，Matricardi，Speltri，& Toso，2009；D'Ambrosio，Olivier，Didon，
& Besche，2009）。

尽管如此，中国的研究人员却发现，量表原作者的两维度模型在中国文
化背景下可能并不合适：李晨枫，吕锐，刘洁和钟杰（2011）的研究发现，
BES 原本的两个维度并不能很好地拟合数据，而三维度或者说是带有方法效
应的两维度模型可能更适合中国群体（Zhong，Wang，Li，& Liu，2007）。然而，
不管是原作者的两维度模型，还是中国学者研究的三维度（或带有方法效应

的两维度）模型，都认为量表的总分可以较好地反映被测个体的共情能力，并且能很好地避免将共情与同情、社会称许、人际交往能力等变量相混淆。

因此，在本研究中，使用 20 个项目的总分来表示被测个体的共情水平。如果按照原作者的两维度模型，两个维度的内部一致性系数分别为 0.938 和 0.977；中国学者研究的三维度（或带有方法效应的两维度）模型，三个维度的内部一致性系数分别是 0.951、0.882 和 0.964，20 个项目总的内部一致性系数为 0.973。

### 6.2.3 研究程序

在征得任课教师和受测学生本人的同意后，利用公共选修课时间以上课班级为单位进行团体施测。测试开始前，向受测者说明填写内容将严格保密，且收集的数据将仅用于学术研究，不作他用。然后要求受测者根据问卷的指导语认真、独立地完成问卷。整个施测时间大约 20 分钟，问卷填写完毕后当场回收。

## 6.3 结果

### 6.3.1 宽恕判断与宽恕知觉评价的一致性

为确定受测者对宽恕与否的认知是否准确，首先对宽恕判断与宽恕知觉评价的一致性进行检验。按照受测者选择的"宽恕与否"，将受测者分为"得到宽恕组"（$N=314$）和"没有得到宽恕组"（$N=195$），然后对这两组的宽恕知觉评价进行独立样本的 $t$ 检验，结果显示，"得到宽恕组"的宽恕知觉评价要显著高于"没有得到宽恕组"（$M_{宽恕}=7.997$，$SD_{宽恕}=1.505$；$M_{非宽恕}=2.000$，$SD_{非宽恕}=1.149$；$t=47.674$，$p=0.000$），说明受测者对于宽恕与否的感知与其对宽恕程度的知觉是一致的。

### 6.3.2　情境性内疚和特质性内疚的一致性

如前文所述，由于情境性内疚是基于各个独立情境的，因此本章研究采用单一项目直接评分的方法来测查被试的情境性内疚，同时为了保证测查的准确性，在测量情境性内疚的同时，用特质性内疚量表对情境性内疚的测量做检验。相关分析显示，单一项目的情境性内疚与 GASP 的两个维度内疚 – 消极行为和内疚 – 补偿的相关均显著（$r_{内疚-消极行为}=0.667$，$p_{内疚-消极行为}=0.000$；$r_{内疚-补偿}=0.466$，$p_{内疚-补偿}=0.000$），说明本研究中情境性内疚和特质性内疚是一致的。

### 6.3.3　描述性统计的结果

首先对各个变量进行描述性统计分析，各个变量的平均值和标准差见表 6-1。

表 6-1　各个变量的描述性统计

| 性别 | 宽恕程度 | | 情境性内疚 | | 共情 | | 宽恕后行为 | |
| --- | --- | --- | --- | --- | --- | --- | --- | --- |
| | M | SD | M | SD | M | SD | M | SD |
| 男（N=197） | 4.355 | 2.740 | 6.919 | 3.024 | 56.767 | 22.787 | 25.985 | 10.694 |
| 女（N=276） | 6.098 | 3.165 | 7.188 | 3.069 | 82.051 | 6.743 | 23.928 | 12.151 |
| 总（N=509）[①] | 5.699 | 3.227 | 7.071 | 2.940 | 72.191 | 19.379 | 25.153 | 11.260 |

### 6.3.4　各变量之间的相关

温忠麟等人在介绍中介变量和调节变量时指出，在中介模型中，中介变量与自变量和因变量的相关都应该显著；而在调节模型中，调节变量与自变量和因变量的相关可以显著，也可以不显著（温忠麟，侯杰泰，张雷，2005）。因此，还需进一步分析各变量之间的相关，各变量之间的相关矩阵

---

① 由于部分受测者（N=36）没有标明性别，故此处男、女人数之和与总人数不一致。

如表 6-2 所示。结合表 6-2 可知，四个变量之间两两均相关，符合中介作用和调节作用的分析基础。

**表 6-2　各变量之间的相关矩阵**

| 变量 | 1 | 2 | 3 | 4 |
|------|------|------|------|------|
| 1. 得到宽恕的程度 | ——— | | | |
| 2. 宽恕后的行为 | 0.567*** | ——— | | |
| 3. 情境性内疚 | 0.493*** | 0.806*** | ——— | |
| 4. 共情 | 0.348*** | 0.194*** | 0.417*** | ——— |

注：样本容量 N=509，*** 表示 p<0.001

### 6.3.5　得到宽恕的程度对宽恕后行为的影响

进一步验证得到宽恕的程度对之后行为的影响。首先进行两者的相关分析，表 6-2 显示，两者的相关显著（$r=0.567$，$p=0.000$）。此外，由于表 6-2 也提示情境性内疚、共情这两个变量与得到宽恕后的行为存在显著相关，可能对其也存在影响，因此将这两个变量作为控制变量，进行偏相关分析。结果显示，在控制了这两个变量后，得到宽恕与否与之后行为之间的相关依然显著（$r_{偏相关}=0.398$，$p_{偏相关}=0.000$），即随着宽恕程度的提高，被试善待（即不再伤害）被害者的动机也在提高。

### 6.3.6　中介作用的分析

有调节的中介模型其本质还是中介模型，只不过该中介作用受到调节变量的调节影响，因此首先对中介模型加以验证：

按照温忠麟等人（2004）的建议，检验中介作用首先将变量都进行中心化处理（即均值为零），然后通过依次检验回归系数的方法来验证中介作用：假设自变量、因变量和中介变量分别为 $X$、$Y$、$M$，依次检验回归方程 $Y=cX+e_1$、$M=aX+e_2$ 和 $Y=c'X+bM+e_3$，如果系数 $c$ 显著，则进一步检验系数 $a$ 和 $b$，否则中介效应不成立；如果 $a$ 和 $b$ 都显著，则进一步检验系数 c'，如果 c' 显著，则说明中介效应显著，如果 c' 不显著，则说明完全中介效应显著；如果 a 和 b 中至少有一个不显著，则进一步做 Sobel 检验，如果 Sobel 检验显著，则说明中介效应显著，如果 Sobel 检验不显著，则说明中介效应不显著。

按照该步骤，进行得到宽恕的程度（$X$）、宽恕后的行为（$Y$）和情境性内疚（$M$）三者之间中介作用的分析，分析结果见表 6-3。

**表 6-3　中介作用的依次检验结果**

| 检验步骤 | 标准化回归方程 | 回归系数检验 |
|---|---|---|
| 第一步 | $Y=0.567X$ | $SE=0.037$，$t=15.498$，$p=0.000$ |
| 第二步 | $W=0.493X$ | $SE=0.039$，$t=12.755$，$p=0.000$ |
| 第三步 | $Y=0.696W$ | $SE=0.029$，$t=24.395$，$p=0.000$ |
|  | $+0.224X$ | $SE=0.029$，$t=7.848$，$p=0.000$ |

结合表 6-3 可知，由于依次检验的三个 $t$ 值都是显著的，说明三者之间的中介效应也是显著的；同时由于第四个 $t$ 值依然是显著的，说明部分中介效应显著。进一步分析可知，中介效应占总效应的比例为 $\dfrac{0.493 \times 0.696}{0.567} \times 100\%$ = 60.52%，说明得到宽恕的程度对宽恕后行为的效应大部分是通过情境性内疚起作用的。据此，本章的研究假设 1 得到验证。

### 6.3.7　调节作用的分析

本章研究的研究假设 2 指出，在得到宽恕与否对情境性内疚的作用中，共情能力是调节变量，故按照温忠麟等人（2005）的建议，对这三者之间进行调节效应的检验。在对变量进行中心化处理后，用自变量、调节变量和两者的乘积项的回归模型做层次回归分析：首先做因变量对自变量和调节变量的回归，其次做因变量对自变量、调节变量以及两者的乘积项的回归，若两次回归分析得到的测定系数 $R^2$ 差异显著，则表示调节效应显著。

此处，自变量、因变量和调节变量分别是得到宽恕的程度、情境性内疚和共情能力。中心化处理后分层回归的结果显示，两次回归分析得到的测定系数差异显著（$\triangle R^2$=0.105，$\triangle F$=90.161，$p$=0.000），说明调节效应显著。据此，本章的研究假设 2 得到验证。

为了进一步说明调节效应，对自变量和调节变量进行分组，将得到宽恕程度按高于和低于平均数的标准分为高宽恕组和低宽恕组，将共情能力按高于和低于平均数的标准分为高共情组和低共情组，在此基础上进行 $2 \times 2$ 的方差分析，结果显示得到宽恕程度的主效应显著 [$F_{(1, 505)}$=20.775，$p$=0.000]，共情能力的主效应显著 [$F_{(1, 505)}$=23.375，$p$=0.000]，两者的交互效应显著 [$F_{(1, 505)}$=137.987，$p$=0.000]。此外，方差分析还得到图 6-5，由该图可见，在高共情组中，随着得到宽恕程度的提高，被试内疚的程度也在提高；而在低共情组中，随着得到宽恕程度的提高，被试内疚程度的变化并不明显，甚至有所下降。该结果进一步验证了调节效应的显著性，研究假设 2 也得到了进一步的验证。

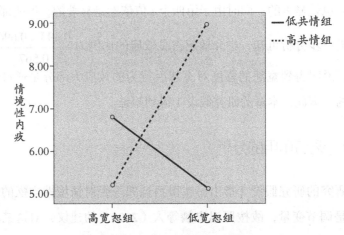

**图 6-5　共情能力对前半路径的调节作用**

### 6.3.8　有调节的中介效应的检验

如前所述，根据温忠麟和叶宝娟（2014）的建议，要分析有调节的中介效应，在对变量进行中心化处理后，首先要检验回归方程 $Y=c_0+c_1X+c_2U+c_3UX+e_1$（其中 X 表示自变量，Y 表示因变量，U 表示调节变量，下同）的回归系数 $c_1$ 和 $c_3$，尤其是回归系数 $c_3$，因为 $c_3$ 显著与否反映了中介模型中的直接作用是否受到调节。检验结果如表6-4所示：

**表6-4 有调节的中介模型第一步回归方程检验**

| | $B$ | $SE$ | $\beta$ | $t$ | $p$ |
|---|---|---|---|---|---|
| 得到宽恕的程度（X） | 0.557 | 0.037 | 0.557 | 15.148 | 0.000 |
| 情境性内疚（U） | 0.091 | 0.039 | 0.091 | 2.353 | 0.019 |
| UX | 0.263 | 0.032 | 0.296 | 8.173 | 0.000 |
| $R^2$ | 0.401 | | | | |
| F | 112.565（p=0.000） | | | | |

如表6-4所示，回归方程中回归系数 $c_3$ 是显著的，说明该中介模型中的直接作用受到调节变量的调节。该结果可以进一步用路径图来表示，即图6-6：

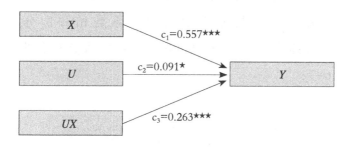

**图6-6 检验直接效应是否受到调节**

在此基础上，进一步检验回归方程 $W=a_0+a_1X+a_2U+a_3UX+e_2$（其中 W 表示中介变量，下同）的回归系数 $a_1$ 和 $a_3$，检验结果如表6-5所示：

**表6-5 有调节的中介模型第二步回归方程检验**

| | $B$ | $SE$ | $\beta$ | $t$ | $p$ |
|---|---|---|---|---|---|
| 得到宽恕的程度（X） | 0.383 | 0.036 | 0.383 | 10.543 | 0.000 |
| 情境性内疚（U） | 0.388 | 0.038 | 0.388 | 10.193 | 0.000 |
| UX | 0.302 | 0.032 | 0.340 | 9.519 | 0.000 |
| $R^2$ | 0.416 | | | | |
| F | 119.888（p=0.000） | | | | |

如表 6-5 所示，回归方程中的回归系数 $a_1$ 和 $a_3$ 分别为 0.383 和 0.302，并且都是显著的（$p=0.000$）。此后，由于中介模型中的直接作用受到调节（即 $c_3$ 显著），则进一步检验回归方程 $Y=c'_0+c'_1X+c'_2U+c'_3UX+b_1W+b_2UW+e_3$ 中的回归系数 $b_1$ 和 $b_2$，检验结果如表 6-6 所示：

**表 6-6　有调节的中介模型第三步回归方程检验**

|  | $B$ | $SE$ | $\beta$ | $t$ | $p$ |
|---|---|---|---|---|---|
| 得到宽恕的程度（X） | 0.434 | 0.028 | 0.434 | 15.306 | 0.000 |
| 情境性内疚（U） | −0.431 | 0.033 | −0.431 | −13.220 | 0.000 |
| UX | 0.047 | 0.021 | 0.053 | 2.235 | 0.026 |
| 情境性内疚（W） | 0.711 | 0.027 | 0.711 | 25.989 | 0.000 |
| UW | −0.291 | 0.026 | −0.337 | −11.394 | 0.000 |
| $R^2$ | 0.783 | | | | |
| $F$ | 363.752（$p=0.000$） | | | | |

如表 6-6 所示，回归方程中的回归系数 $b_1$ 和 $b_2$ 分别为 0.711 和 −0.291，并且都是显著的（$p=0.000$）。至此，依次检验的过程结束，可以得到图 6-7：

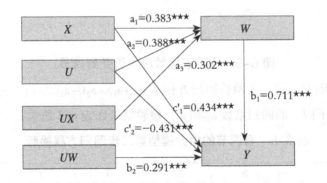

**图 6-7　检验中介效应的前、后路径是否受到调节**

结合图 6-7 可知，得到宽恕的程度（X）对情境性内疚（W）的效应显著（$a_1=0.383$，$t=10.543$，$p=0.000$），宽恕的程度（X）与共情能力（U）的交互项 UX 对情境性内疚（W）的效应显著（$a_3=0.302$，$t=9.519$，$p=0.000$）；

情境性内疚（W）对宽恕后行为（Y）的效应显著（$b_1$=0.711，$t$=25.989，$p$=0.000），情境性内疚（W）与共情能力（U）的交互项UW对宽恕后行为（Y）的效应显著（$b_2$=-0.291，$t$=-11.394，$p$=0.000）。

根据图6-4的流程，检验至此已完成，即本章"引言"部分所述三种情况均符合（即情况1：$a_1 \neq 0$且$b_2 \neq 0$。情况2：$a_3 \neq 0$且$b_1 \neq 0$。情况3：$a_3 \neq 0$且$b_2 \neq 0$），说明该中介作用的前、后路径均受到调节。

据此，本章研究的研究假设3得到了部分验证，而研究假设3的假设模型（即图6-3）可以改变为图6-8：

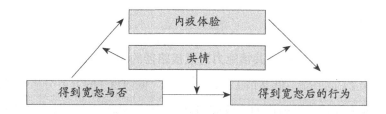

**图6-8　前、后、直接路径均受到调节的有调节的中介模型**

由于与研究假设3有所不同，中介模型的后半路径和直接路径也均受到调节变量的调节。为了进一步说明这两个调节效应，对自变量、中介变量和调节变量进行分组，将得到宽恕程度按高于和低于平均数的标准分为高宽恕组和低宽恕组，将共情能力按高于和低于平均数的标准分为高共情组和低共情组，将情境性内疚按高于和低于平均数的标准分为高内疚组和低内疚组，在此基础上进行两次$2 \times 2$的方差分析：

第一个2（高宽恕、低宽恕）$\times$2（高共情、低共情）的方差分析结果显示，得到宽恕程度的主效应显著[$F_{(1, 505)}$=42.501，$p$=0.000]，共情能力的主效应不显著[$F_{(1, 505)}$=2.215，$p$=0.137]，两者的交互效应显著[$F_{(1, 505)}$=223.082，$p$=0.000]。此外，方差分析还得到图6-9，由该图可见，在高共情组中，随着得到宽恕程度的提高，被试善待对方的程度也在提高；而在低共情组中，随着得到宽恕程度的提高，被试善待对方的程度变化并不明显，甚至有所下降。

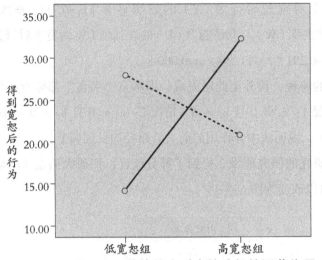

**图6-9　共情能力对直接路径的调节作用**

第二个2（高共情、低共情）×2（高内疚、低内疚）的方差分析结果显示，尽管共情能力和情境性内疚的主效应均显著，但是两者的交互效应却不显著[$F$（1，505）=1.267，$p$=0.261]，这与之前的检验结果有所不同。为此，采用调节效应的检验程序对该问题加以验证（同本章6.3.7部分）。此处，自变量、因变量和调节变量分别是得到情境性内疚、得到宽恕以后的行为和共情能力。中心化处理后分层回归的结果显示，两次回归分析得到的测定系数差异显著（$\triangle R^2$=0.008，$\triangle F$=12.375，$p$=0.000），说明调节效应显著。该结果与6.3.8部分的结果一致。

最后，为了了解共情能力对整个中介效应的调节作用，对高、低共情组分别进行中介作用的检验。按照6.3.6部分中介效应的检验程序，首先在高共情组进行得到宽恕的程度（X）、宽恕后的行为（Y）和情境性内疚（M）三者之间中介作用的依次回归分析，分析结果见表6-7。

**表6-7　高共情组中介作用的依次检验结果**

| 检验步骤 | 标准化回归方程 | 回归系数检验 |
|---|---|---|
| 第一步 | $Y$= 0.742 $X$ | $SE$=0.038，$t$=19.338，$p$=0.000 |
| 第二步 | $W$= 0.580 $X$ | $SE$=0.041，$t$=14.199，$p$=0.000 |
| 第三步 | $Y$= 0.565 $W$ +0.415 $X$ | $SE$=0.041，$t$=13.847，$p$=0.000 $SE$=0.039，$t$=10.695，$p$=0.000 |

结合表6-7可知，由于依次检验的三个 $t$ 值都是显著的，说明三者之间的中介效应也是显著的；同时由于第四个 $t$ 值依然是显著的，说明部分中介效应显著。然而，依照用同样的步骤对低共情组进行的检验显示，依次回归的第一步即不显著（$B=0.109$，$SE=0.077$，$t=1.428$，$p=0.155$），按照温忠麟等人（2004）的建议，该结果说明中介作用不显著。据此，共情能力的调节效应进一步被验证，即在高共情能力的群体中，中介效应是显著的；而在低共情能力的群体中，该中介效应则不显著。

## 6.4 讨 论

### 6.4.1 研究的总体发现

本章研究发现，在宽恕与否（或者得到宽恕的程度）对宽恕后行为的影响中，针对该情境而产生的内疚是中介变量，即得到宽恕的程度首先影响着个体由此而产生的内疚程度，得到宽恕的程度越高，由此而产生的内疚程度也越高；此后，由此而产生的内疚会进一步影响个体之后的行为，具体而言就是内疚的程度越高，个体在此后善待被冒犯者的程度也越高，相反地，如果被试的内疚程度较低，那么他此后善待被冒犯者的程度也相对较低。

此外，该中介效应的前、后以及直接路径还受到共情能力的调节作用。具体而言：（1）在前半路径（即得到宽恕的程度对情境性内疚的影响）中，在共情能力较高的群体中，随着得到宽恕程度的提高，其内疚的程度也在提高，相反地，在共情能力较低的群体中，随着得到宽恕程度的提高，被试内疚程度的变化并不明显，甚至有所下降，如图6-5所示；（2）在后半路径（即情境性内疚对得到宽恕后行为的影响）中，在共情能力较高的群体中，随着内疚程度的提高，其善待被冒犯者的程度也在提高，相反地，在共情能力较低的群体中，随着内疚程度的提高，被试善待被冒犯者的程度变化并不明显；

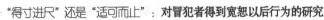

（3）在直接路径（即得到宽恕的程度对宽恕后行为的影响）中，在共情能力较高的群体中，随着得到宽恕程度的提高，被试善待被冒犯者的程度也在提高；而在共情能力较低的群体中，随着得到宽恕程度的提高，被试善待被冒犯者的程度变化并不明显，甚至有所下降，如图 6-9 所示。

### 6.4.2 得到宽恕的程度对宽恕后行为的影响

在本章研究中，得到宽恕的程度对宽恕后行为的影响（即中介模型中的直接作用）得到了再一次的验证，即随着得到宽恕程度的提高，个体在之后善待被冒犯者的程度也随之提高。这主要体现在两个方面，一是在 6.3.5 部分中，无论是得到宽恕程度与宽恕后行为两者之间的直接相关，还是控制了中介变量和调节变量后的偏相关都是显著的；二是在 6.3.6 部分中介效应的检验中，在依次检验的第一步方程的回归系数显著，也说明了两者之间的关系。对于该问题的解释，研究二、三中均有涉及，此处不再赘述。

### 6.4.3 中介效应的分析

本章研究的重点在于探讨得到宽恕以后个体行为的机制，因此在再次验证了得到宽恕的程度与之后行为之间的关系后，研究得到宽恕的程度是如何影响个体之后的行为，以进一步解释两者之间的心理机制就显得尤为重要了。

中介效应的分析表明，作为中介变量的情境性内疚可以显著提高个体在得到（或没有得到）宽恕后善待对方的程度，该结论与前人的研究结论相一致，即内疚可以促进亲社会行为的发展和良好人际关系的形成（de Hooge, Nelissen, Breugelmans, & Zeelenberg, 2011; Baumeister, Stillwell, & Heatherton, 1994; Leith & Baumeister, 1998）。更重要的是，在得到宽恕的程度对之后行为的影响中，情境性内疚起着重要的作用——部分中介作用：得到宽恕的程度对于之后行为的作用，一方面是通过直接作用发生影响的，即得到宽恕的程度对之后行为的直接作用；另一方面，该作用还通过情境性内疚发生影响。换句话说，在冒犯情境中，当冒犯者得到或没有得到被冒犯者的宽恕后，其得到宽恕的程度既可以直接地影响其之后的行为，尤其是关于再次伤害对方，还是不再伤害对方的行为，也可以间接地影响其之后的行为（即通过冒犯者的内疚程度发生作用），而在这其中，情境性内疚作为中介变量，它既反映了与自变量（即得到宽恕的程度）之间的关系，也反映了与因变量（即之后的行为）之间的关系。

此外，研究一中的访谈材料也在一定程度上印证了内疚的作用，在访谈中，有被访者提及内疚对其之后行为的影响，例如：

F2：再说，为了这事儿我都已经内疚死了，怎么可能再这样啊！下次要是再碰到同样的事情，我肯定要控制好我自己情绪的。

### 6.4.4 调节效应的分析

基于研究假设 2，本章研究首先检验了在得到宽恕与否对内疚体验的影响中，个体共情水平的调节作用，即共情对于中介模型前半路径的调节作用。结果显示调节效应是显著的。具体而言，在高共情组中，随着得到宽恕程度的提高，被试内疚的程度也在提高；而在低共情组中，随着得到宽恕程度的提高，被试内疚程度的变化并不明显，甚至有所下降。该结果与 Brown 和 Cehajic（2008）的研究相一致，他们基于波斯尼亚战争 10 周年纪念而进行的研究发现，内疚受到共情的调节（guilt were mediated by empathy）。具体而言，在他们的研究中，高共情特质的个体也更容易体验到内疚。这并不难理解，对于共情能力较高的个体而言，在冒犯情境中，他们更能够站在对方的角度来考虑问题，并能够及时地感知到对方对自己的宽恕，从而认识到自己的行为违反了社会道德规范或对他人造成了伤害，进而产生内疚的体验。因为对自己行为过失的认知是个体产生内疚的认知基础（Turner & Stets，2006），而共情能力较低的个体甚至无法认识到自己的行为有何不当之处，自然产生内疚的可能性和内疚的程度也较低。

此外，根据温忠麟和叶宝娟（2014）总结的有调节的中介作用的检验步骤，研究不仅进一步验证了研究假设 2，即共情能力对于中介模型前半路径的调节作用，还进一步发现，共情能力对于中介模型的直接路径和后半路径同样有着调节作用。其中，对于直接路径的调节作用显示，在高共情组中，随着得到宽恕程度的提高，被试善待对方的程度也在提高；而在低共情组中，随着得到宽恕程度的提高，被试善待对方的程度变化并不明显，甚至有所下降。这和前文关于共情和内疚关系的解释相一致，即对于共情能力较高的个体而言，在冒犯情境中，他们更能够站在对方的角度来考虑问题，并能够及时地感知到对方对自己的宽恕，从而认识到自己的行为违反了社会道德规范或对他人造成了伤害（Turner & Stets，2006）。而从社会规范的角度而言，在伤害他人之后，不再伤害对方以及做出相应的补偿则是常见的行为反应，因此对共情能力较高的个体而言，他们更容易意识到自己行为的过失，从而做出善待行为；而对于共情能力较低的个体而言，他们甚至无法认识到自己的行为有何不当之处，其之后的行为也自然不会有所改变。

此外，调节变量对于中介模型后半路径的调节作用显示，在共情能力较高的群体中，情境性内疚对于个体之后行为的正向预测作用更显著。对于内疚和人际关系修复或行为补偿之间的显著关系，无论是在个体层面（Doosje，Branscombe，Spears，& Manstead，1998；Iyer，Leach，& Crosby，2003；McGarty，Pederson，Leach，Mansell，Waller，& Bliuc，2005）还是在群体层面（Brown & Cehajic，2008），都得到了证实，即内疚有助于修复和提升双方的关系。而内疚与共情之间的关系也有着很多研究的支持（Baumeister et al.，1994；Tangney，1991；Tangney，Stueweg，& Mashek，2007）。然而，它们三者之间的关系直到 Brown 和 Cehajic（2008）的研究才得以明确，即在内疚与双方关系的修复和补偿中，共情能力起到调节作用，这与本研究中后半路径的调节作用是完全一致的。对于高共情的个体而言，在面对自己的内疚情绪时，他们更倾向于站在被冒犯者的角度去考虑如何缓解自己的内疚情绪，从而增加自己善待被冒犯者的可能性；而对于低共情能力者而言，他们不善于设身处地地站在对方的角度考虑问题，即使面对自己的内疚体验，其善待被冒犯者的可能性也相对较低。

此外，研究一中的访谈材料也在一定程度上印证了共情的作用。在访谈中，有被访者提及共情对其之后行为的影响，例如：

F1：真的，我能感受到他真的很伤心，所以因为这件事情我也自责了好一阵子。所以在这之后我也提醒自己说话要注意。

# 第7章  总讨论与结论

## 7.1  研究的整体概况

本研究基于宽恕结果研究中"得寸进尺"和"适可而止"的矛盾出发，尝试研究冒犯者在得到被冒犯者的宽恕后，是"适可而止"地停止对被冒犯者的进一步伤害，还是"得寸进尺"地再次伤害对方。在此基础上，整个研究分为四个分研究（如图7-1）：

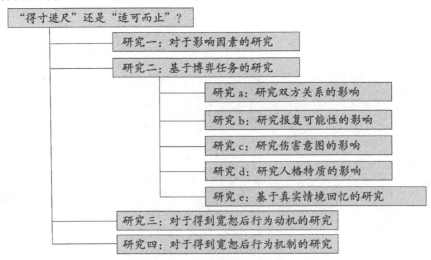

图7-1  研究的整体概况

研究一通过质性研究中的访谈法，对参与者进行深度访谈，并在整理分析访谈资料的基础之上，概括出可能影响冒犯者得到宽恕以后行为的因素。结果显示，双方的关系、伤害的意图、报复的可能性以及部分人格特质是可能影响冒犯者得到宽恕以后行为的因素。

研究二在研究一的基础上，将研究一发现的可能的影响因素作为研究变量，纳入到实验研究之中。具体而言，研究二又分为五个分研究，其中研究a、b、c分别将双方的关系、伤害的意图、报复的可能性这三个因素作为研究变量，进行了三组博弈任务的研究，结果显示，双方的关系、伤害的意图、报复的可能性这三个因素确实会影响个体在得到宽恕之后的行为，验证了研究一的发现。研究d采用问卷研究的方法，考察了人格特质对冒犯者得到宽恕之后行为的影响，结果显示，大五人格中的宜人性特质和特质性感恩是影响冒犯者得到宽恕后行为的人格因素。此外，研究e针对之前研究外部效度不足的局限，采用真实情景回忆的方法，进一步确认了冒犯者在得到宽恕后是如何做出行为反应的。总体而言，研究二的五个研究均显示，冒犯者在得到被冒犯者的宽恕后，更倾向于不再伤害对方，即证明了"适可而止"的结论更合适。

此后，研究三进一步考察了冒犯者做出"适可而止"行为的动机是什么。尽管本研究的内容是"冒犯者得到宽恕以后的行为研究"，但基于科学研究的规范，冒犯者没有得到宽恕的情况亦要考察。这就使得冒犯者做出"适可而止"行为的动机可能被混淆，即冒犯者的动机是"善待宽恕者"，还是"报复非宽恕者"。这个问题研究二并未解决。因此，研究三在研究二实验范式的基础上对实验设计加以改变，让作为冒犯者的被试在"得到宽恕"、"没有得到宽恕"和"不确定是否得到宽恕"三种情境中做出反应。结果显示，当得到被冒犯者的宽恕后，冒犯者善待被冒犯者的程度要显著高于没有或不确定是否得到宽恕时，换句话说，无论是没有得到对方的宽恕，还是不确定是否得到对方的宽恕，冒犯者都倾向于再次伤害对方，而只有当冒犯者确定自己得到对方的宽恕时，他才会停止对被冒犯者的再次伤害，即冒犯者做出"适可而止"行为的动机是"善待被冒犯者"。

最后，研究四考察了冒犯者做出"适可而止"行为的机制，即不仅要解释"是什么"的问题，还要解释"如何产生"的问题。结果显示，在得到宽恕与否（或者说得到宽恕的程度）对之后行为的影响中，冒犯者对这件事（即被冒犯者宽恕或不宽恕他）的内疚程度起到部分中介作用，即得到宽恕与否在一定程度上是通过内疚的体验而产生进一步行为的。此外，结果还显示，在该中介效应中，冒犯者的共情能力还起到调节作用，并且对中介效应的前、后和直接路径均起到调节作用。该结果进一步说明了情绪体验（如针对该事情的内疚情绪体验）和情绪能力（如共情的能力）对冒犯者得到宽恕以后行为的影响。

## 7.2 研究的主要结论及分析

通过四个分研究，本研究得出以下主要结论：

1. 在人际互动的伤害情境中，双方的关系、伤害的意图、报复的可能性以及部分人格特质是可能影响冒犯者在得到（或没有得到）宽恕之后行为的因素。

这些因素与被冒犯者角度的宽恕研究结果相一致，在从被冒犯者角度进行的宽恕研究中，这些因素也会影响被冒犯者的宽恕，例如，Tse 和 Cheng（2006）发现，在面对他人的伤害时，人们对于"最好的朋友"的宽恕程度要显著高于"熟人"；Neto（2007）则在总结了以往的研究后指出，人格是影响个体宽恕的一个重要因素；Tabak 等人（2012）的研究则发现，报复和宽恕本身就是相互联系的，是个体面对伤害时的两种常见的应对方式；对于伤害意图这一因素，Girard，Mullet 和 Callahan（2002）的研究发现，面对无意的伤害，人们往往会给予较高的宽恕，而面对有意的伤害，个体的宽恕程度往往较低。

2. 在人际互动的伤害情境中，当冒犯者得到宽恕（或得到宽恕的程度较高）时，其不倾向于再次伤害被冒犯者；而当冒犯者没有得到宽恕（或得到宽恕的程度较低）时，其再次伤害被冒犯者的可能性较高。

对此，Wallace 等人（2008）的解释是，冒犯者对于被冒犯者给予他们的宽恕会心存感激，从而不太愿意去破坏这种宽恕的氛围。此外，该结果也符合经典囚徒困境范式中的"tip-for-tap"策略（Axelrod & Hamilton，1981），该策略包含了三个特征：一是绝不先选择"竞争"，也就是说当博弈开始时，使用该策略的人会一直选择"合作"；二是当对方伤害自己后选择报复，也就是说当对方选择"竞争"时，使用该策略的人也会选择"竞争"；三是宽恕，即当对方改变策略，重新选择"合作"时，使用该策略的人也重新选择"合作"。简单来说，"tip-for-tap"策略指的就是当对方选择"合作"时也选择"合作"，而当对方选择"竞争"时则立刻改为"竞争"，这样能够保证博弈中自己利益的最大化。而在本研究的情境中，当被冒犯者选择"合作"即"只要我的"时，冒犯者也转而选择"只要我的"，而不是坚持"全部都要"是符合"tip-for-tap"策略的。

3. 在得到宽恕与否（或得到宽恕程度高低）与冒犯者之后行为的关系中，双方的关系、伤害的意图、报复的可能性以及大五人格中的宜人性和特质性感恩是存在的影响因素。具体而言：

（1）在面对陌生人时，冒犯者在得到被冒犯者的宽恕以后，更倾向于不再伤害对方，而当其没有得到宽恕时，其善待对方的可能性也相对较低，但是当面对熟人的时候，即使没有得到被冒犯者的宽恕，冒犯者也不太倾向于继续伤害对方，尽管这种不伤害的意愿有所降低。

如实验 a 的讨论所言，这可能源于中国的集体主义文化背景，因为维持人际关系乃至社会的和谐是集体主义文化中的个体行为的重要目的之一（Fu，Watkins，& Hui，2004），因此在面对已经建立良好人际关系的个体时，即使得到的是非友好的对待，集体主义文化中的个体也倾向于避免冲突的发生（例如避免愤怒情绪、报复行为等）（叶浩生，2004），因为愤怒、报复等在集体主义文化中是不利于维持良好人际关系的情绪体验和行为。

（2）在面对没有报复可能性的被冒犯者时，冒犯者在得到被冒犯者的宽恕以后，更倾向于不再伤害对方，而当其没有得到宽恕时，其善待对方的可能性也相对较低。但是当面对有报复可能性的冒犯者时，即使没有得到被冒犯者的宽恕，冒犯者也不太倾向于继续伤害对方，尽管这种不伤害的意愿有所降低。

与 Wallace 等人（2008）的研究相比，这里既存在"不一致"，也存在"一致"：一方面，从得到宽恕以后的行为而言，这和 Wallace 等人的研究结果是不一致的，因为他们的研究认为当有报复可能时，被试更愿意伤害已经宽恕他们的人，而本研究却发现当有报复可能时，在得到宽恕的状态下，被试善待对方的意愿更高（体现在图 4-7 中的实线左高右低），反过来讲，即使在有报复可能性的情况下，被试还是更愿意伤害那些没有宽恕他的人，这和 Wallace 等人的研究结果是不一致的。另一方面，如果不考虑伤害或善待被冒犯者的程度，单从是否再次伤害的角度考虑，本研究发现，当有报复的可能性时，无论得到宽恕与否，被试（即冒犯者）都不倾向于再次伤害对方（体现在图 4-7 的实线均在 0 以上），这和 Wallace 等人的研究结果又是一致，即冒犯者由于担心受到被冒犯者的报复，从而选择不再伤害对方。

（3）在故意（主动）伤害对方的冒犯者中，其在得到被冒犯者的宽恕以后，更倾向于不再伤害对方，而当其没有得到宽恕时，其善待对方的可能性也相对较低，但在非故意（被动）伤害对方的冒犯者中，无论是否得到宽恕，冒犯者都不倾向于再次伤害被冒犯者。

这可能和被迫伤害后产生的内疚情绪有关，有研究指出，当个体认为自己是施害者的时候，会产生内疚的情绪，为了缓解这种内疚的情绪，该个体倾向于向被害者道歉和做出补偿（Turner, Hogg, Oakes, Reicher, & Wetherell, 1987；转引自 Wohl & Branscombe, 2005）。在本研究中，由于真假被试在实验中互不见面，故无法进行当面的道歉，此时真被试，尤其是被迫伤害对方的真被试为了做出补偿而在第二轮中选择"只要我的"，这样无论对方选择"只要我的"还是"全部都要"，他们都可以获得相应的现金。

（4）宜人性较高的个体在得到宽恕后更倾向于不再伤害对方，而没有得到宽恕时则倾向于再次伤害对方，而宜人性较低的个体则无论是否得到宽恕，都倾向于再次伤害对方。此外，特质性感恩较高的个体在得到宽恕以后更倾

向于不再伤害对方，而没有得到宽恕时则倾向于再次伤害对方，而感恩特质
较低的个体则无论是否得到宽恕，都倾向于再次伤害对方。

很多研究都显示，大五人格中的宜人性特质与个体的攻击性或攻击行为
有着显著的关系，宜人性较低的个体其攻击性也更强（付俊杰，罗峥，杨思亮，
2009；聂衍刚，李祖娴，万华，胡春香，2012；Jensen-Campbell，Adams，
Perry，Workman，Furdella，& Egan，2002；Pailing，Boon，& Egan，2013）。
这也就可以解释，为什么低宜人性的被试无论得到宽恕与否，都倾向于再次
伤害对方。此外，特质性感恩与攻击性、亲社会行为之间也有着密切的关系：
李安（2009）在研究了青少年犯罪行为后指出，在青少年的犯罪中，感恩是
重要的犯罪免疫因素之一，缺乏感恩特质的青少年往往倾向于用暴力手段解
决问题；McCullough，Kilpatrick，Emmons 和 Larson（2001）在研究了感恩特
质与亲社会行为的关系后指出，感恩能让个体的行为更具有亲社会性（Gratitude
prompts individuals to behave prosocially），这也就解释了低感恩特质的个体为
何无论得到宽恕与否，都倾向于再次伤害对方。

4. 冒犯者在得到（或没有得到）宽恕后的行为的动机是"善待宽恕者"，
而不是"报复非宽恕者"，具体而言，即只有当冒犯者确定自己得到对方的
宽恕时，他才会停止对被冒犯者的再次伤害；相反地，即使是在不确定是否
得到宽恕的情况下，冒犯者依然会和没有得到宽恕的情况一样，倾向于再次
伤害对方。

该结果符合个体在面对明确信息和模糊信息时的效用判断，即相对于
明确的信息，个体在面对模糊信息时，对其效用的判断明显偏低（Soman &
John，2001）。也就是说，在本研究中，相比"得到宽恕"和"没有得到宽恕"
这样的明确信息而言，冒犯者对于"不确定是否得到宽恕"这样的模糊信息
效用的判断较低，即模糊信息对其的作用相对较小。因此，当"不确定"这
样的模糊信息对冒犯者的作用相对较小时，他便会坚持原来的行为，即再次
伤害被冒犯者。而只有当其获得明确的"得到宽恕"的信息后，冒犯者才会
停止进一步的冒犯，即冒犯者得到或没有得到宽恕以后行为的变化是出于善

待宽恕者，而非报复非宽恕者的动机。

5. 在宽恕与否（或者得到宽恕的程度）对宽恕后行为的影响中，针对该情境而产生的内疚是中介变量，即得到宽恕的程度首先影响着个体由此而产生的内疚程度，此后内疚会进一步影响个体之后的行为。此外，该中介效应的前、后以及直接路径还受到共情能力的调节作用。

该结果并不难理解，因为对于共情能力较高的个体而言，在冒犯情境中，他们更能够站在对方的角度来考虑问题，并能够及时地感知到对方对自己的宽恕，从而认识到自己的行为违反了社会道德规范或对他人造成了伤害，进而产生内疚的体验。因为对自己行为过失的认知是个体产生内疚的认知基础（Turner & Stets，2006），而共情能力较低的个体甚至无法认识到自己的行为有何不当之处，自然产生内疚的可能性和内疚的程度也较低。

## 7.3　对以往矛盾之处的分析

尽管本研究发现，在得到宽恕后，冒犯者倾向于不再伤害对方，但相反结论的研究却依然存在。对此，可以从以下几点加以解释：

### 7.3.1　不同研究对宽恕与和解的关系认识不一致

认为宽恕会减少进一步伤害的研究认为，宽恕意味着双方积极关系的重建，而侵犯者为了维持双方积极的人际关系而选择放弃进一步的伤害。相反地，不宽恕则意味着拒绝重建积极关系，便会使得侵犯者认为他们之间的关系已经不可修复了，进而减小他善待被害者的可能性。但是，认为宽恕会增加进一步伤害的研究则认为，正是因为宽恕与和解有着密切的关系，使得被害者在做出宽恕的决定后，会和侵犯者，甚至是有危险性的侵犯者重建关系，从而走进一个伤害与和解的不良循环中。

因此，被害者在做出宽恕与否的决定前，首先要理解宽恕与和解的关系。宽恕和和解（reconciliation）是宽恕研究的重要内容之一，无论在宽恕本身的研究中，还是在宽恕干预的研究中都常被提及（Balkin，Freeman，& Lyman，2009）。然而，尽管 Enright 及人类发展研究小组（1991）在定义宽恕时就指出两者存在很大的区别，但却很少有研究将两者做明确的区分（Frise & McMinn，2010）。傅宏（2004）认为，两者的区别之所以被忽视，是因为宽恕是源于西方宗教的概念，而西方宗教的神学思想中的"调和"观念将宽恕看作是宗教教义的基本理由和最终目标，因此宽恕和和解的区别常被忽视。

尽管如此，依然有一些研究者从不同的角度对宽恕和和解的区别做了阐述。Reed，Burkett 和 Garzon（2001）指出，和解的前提是彼此之间的信任，而宽恕则不然，当被害者信任侵犯者，认为其不会再伤害自己时，他才会做出和解的决定；而当被害者认为存在进一步伤害的可能时，他便不会与侵犯者和解，但却可能宽恕对方，即放弃消极的情绪和行为，此时宽恕和和解是分离的。de Wall 和 Pokorny（2005）也认为，宽恕和和解并非要伴随出现。此外，他们还认为两者的区别在于，宽恕是个体内部的过程，是情绪、行为、动机等方面的变化过程，而和解则是双方外部的过程，是外部人际关系修复的过程。Worthington 及同事也表达了同样的观点，他们认为，宽恕并非一定要包含和解的成分，两者是完全不同且彼此独立的概念，当受害者选择宽恕侵犯者时，并不意味着他们要修复受损的人际关系（Worthington，Sharp，Lerner，& Sharp，2006）。还有研究者在总结近年来有关宽恕干预的研究的基础上指出，在心理咨询与治疗中使用宽恕干预的方法或与来访者谈论宽恕的问题并不会导致来访者与侵犯者重建危险关系或再次受到伤害，但前提是要让来访者分清宽恕与和解的含义（Wade et al.，2008）。

可见，当被害者将宽恕与和解等同起来时，宽恕的决定往往会将其带入"伤害—和解—再伤害"的恶性循环，从而导致进一步的伤害。而当被害者能够将两者区分开，在宽恕侵犯者的同时，避免让自己陷入危险的人际关系中，则有利于其释放不良情绪，同时避免受到进一步的伤害。

### 7.3.2 不同研究对自我宽恕的理论认识不一致

认为宽恕会减少进一步伤害的研究认为，被害者的宽恕有可能会造成侵犯者对自我的宽恕，而自我宽恕可以促进个体的亲社会行为，从而降低侵犯者再次伤害受害者的可能性。但是，认为宽恕会增加进一步伤害的研究则认为，自我宽恕会降低侵犯者对被害者的内疚，当侵犯者对被害者不再内疚时，其善待被害者的动机也会降低。

总结自我宽恕与人际关系发展的研究可以看出，大部分研究都支持自我宽恕能够促进亲社会行为的发展，例如 Ross 及同事的研究指出，自我宽恕能够提升个体的宜人性，从而增加其对他人的友好程度，还能够减轻对他人的敌意，增加相互的信任（Ross，Hertenstein，& Wrobel，2007）；还有人研究了宽恕自己和宽恕他人的关系，结果发现，善于宽恕自己的人也更能够宽恕他人（Thompson，Snyder，& Hoffman，2005）。尽管也有研究指出自我宽恕会导致自恋（Thompson et al.，2005）、攻击（Zechmeister & Romero，2002）等反社会行为，但这并不能反驳自我宽恕对亲社会行为的作用。一方面，自我宽恕也存在虚假和真实之分，Woodyatt 和 Wenzel（2013）就认为，虚假的自我宽恕更多的是自我责任的推脱，相比虚假的自我宽恕，侵犯者真正的自我宽恕对于其自身和受害者都具有积极的作用。另一方面，Fisher 和 Exline（2006）认为，当前用于自我宽恕的测量工具存在不足，不能很好地区分懊悔与自责，不能确定个体是否承担相应的责任，甚至不能区分自我宽恕与自我开脱。因此，从这个角度出发，自我宽恕的确有助于双方关系的改善，能够降低被害者受到进一步伤害的可能性。

### 7.3.3 不同研究对双方人际互动的认识不一致

由于对侵犯者和受害者之间人际互动的认识不一致，不同的研究对于宽恕的结果也存在不同的认识。认为宽恕会减少进一步伤害的研究认为，被害者的宽恕表现出的是一种友好的姿态，而人们更愿意对友善的姿态做出友善的回应。但是，认为宽恕会增加进一步伤害的研究则认为，被害者的宽恕会被看作是懦弱的表现，从而容易再次受到伤害。

不仅宽恕的研究证明了（Tabak，et al，2012）友好的姿态能够带来友好的回应，早期人际关系的研究也支持了这一观点（Cialdini，1993）。此外，大部分研究也都不认可宽恕是妥协和懦弱的表现，例如潘知常（2005）分别从中西方文化的角度分析了宽恕，他认为西方的宽恕是出于"爱"，而中国的文化中的宽恕是出于"善"，而不是一味地妥协和退让。张蕊（2008）也认为，将宽恕看作是懦弱的表现，往往是因为没有理解宽恕的真正含义，从根本上说是没有看到宽恕的价值，看法有些偏激。McCullough 等人（2011）认为，宽恕和非宽恕（如报复侵犯者）只是应对伤害的不同策略而已，不存在对错之分，当受害者认为他与侵犯者之间的关系是有价值的时，他常会选择宽恕对方，以维持双方的关系；当受害者认为他与侵犯者之间的关系是没有价值的时，他常会选择报复对方，以避免进一步的伤害。可见，宽恕并不是懦弱的表现，并且宽恕所表现出的友善姿态，能够带来友善的回应。

## 7.4　对人际互动的启示

总结本研究的结论可知，宽恕仍然是处理人际伤害的有效方式之一（Hui & Chau，2009）：一方面，相对没有得到宽恕而言，冒犯者在得到宽恕后，其再次伤害被冒犯者的可能性会降低；另一方面，就冒犯者的行为动机而言，其得到宽恕后的行为动机是"善待宽恕者"，而不是"报复非宽恕者"。

因此，在人际互动中，对于被冒犯者而言，首先要勇于做出宽恕的决定，为此，如前所述，被冒犯者首先要认识到，宽恕并不是懦弱的表现，宽恕是对自身内部不良情绪的缓解和释放（Wade et al.，2008），而本研究也发现，宽恕会避免受到冒犯者进一步的伤害。但同时，被冒犯者在宽恕的同时要分清宽恕和和解的区别，避免使自己陷入危险的人际关系。同时，在人际互动中，

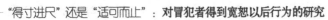

对于冒犯者而言，其一方面要接纳被冒犯者的友善姿态（例如宽恕），并加以友善地回应，而不是一味地懊悔、自责，甚至是借此做出虚假的自我宽恕，以求推脱责任；另一方面，侵犯者要认识到宽恕并不意味着懦弱和退让，以此来避免对被冒犯者的进一步伤害。

## 7.5 研究的主要突破和创新之处

本研究通过囚徒困境的博弈范式，对冒犯者得到宽恕后的行为进行了研究，主要的突破和创新之处有两点：

### 7.5.1 方法学层面的创新与突破

首先，就方法学层面而言，本研究在国内首次运用实验研究的方法对宽恕进行了研究。

如文献综述部分所言，到目前为止，国内有关宽恕的实证量化研究均采用问卷研究的方法，由于问卷研究本身还存在一些局限之处，同时学者们在使用问卷进行研究时还存在一些疏忽（如国外问卷翻译的问题、数据统计方法使用不当等），这些都使得有关宽恕的研究在方法学层面上还有值得改进的地方。即使在国外，有关宽恕的实验研究也甚少，多数研究也是通过问卷而进行的。直到 2008 年，Wallace 等人才首次将囚徒困境的博弈范式单独运用于宽恕的研究，这里所谓单独的宽恕研究，是针对以往研究而言的，在以往的研究中也有研究者在运用囚徒困境范式时提及宽恕，但多是在研究其他领域时（如人机互动策略，Nowak & Sigmund，1990；欺骗与合作，Brembs，1996；Nowak，2006；进化心理学的博弈研究，Macy，1996；人际信任的发展，Tedeschia，Hiestera & Gahagan，1969）将宽恕作为一种人际互动或博弈的策略提及，而并非运用该范式对宽恕本身进行研究。尽管如此，前文也分析认为，Wallace 等人（2008）在使用囚徒困境范式进行研究时依然存在一些不足之处：

一是冒犯者在得到宽恕之后的行为选择存在一定程度的"迫选"性质，无法真实地反映出被试的行为选择；二是宽恕的表达过于主观化，与实验标准化的要求还有差距。

针对以上问题，本研究在实验设计上加以改进，首先改变"迫选"的实验操作，让被试在得到或没有得到宽恕后能够自由选择自己的行为；其次根据 Tabak 等人（2012）关于宽恕的操作定义，对宽恕的表达做出了客观的规定，避免标准化不足的问题。通过这些改进，将囚徒困境范式合理地运用于宽恕的研究，为今后该领域的实验研究提供了可行的实验范式。

### 7.5.2 研究内容层面的创新与突破

其次，就研究内容层面而言，本研究对以往研究中有关"得寸进尺"和"适可而止"的矛盾进行了初步的澄清，即冒犯者在得到被冒犯者的宽恕后，是倾向于再次伤害被冒犯者，还是倾向于不再伤害对方。

研究首先对以往相关研究进行了总结，并在此基础之上分析以往研究存在矛盾之处的原因，即没有充分考虑可能存在的影响因素。为此，研究首先从可能的影响因素出发，通过质性研究探讨了可能影响冒犯者得到宽恕以后的行为的因素，并通过博弈范式对这些因素进行了验证。在明确了冒犯者在得到宽恕以后的行为反应及其影响因素后，研究进一步深入探讨了冒犯者做出如此行为的动机和机制，完整地展现了冒犯者从得到宽恕到做出行为反应这一过程。

## 7.6 本研究的局限之处与展望

尽管本研究在方法学层面和研究内容层面都有所创新，并得出了相应的研究结论，但依然有一些局限之处值得后续的研究加以关注：

首先，研究一发现，双方的关系、报复的可能性、伤害的意图以及人格特质等因素可能会影响冒犯者得到宽恕以后的行为，研究二也进一步验证了这几个因素的作用。然而，在实际的人际互动中发生作用的因素就这几个吗？是否还有其他影响因素的存在？这些问题都值得进一步探讨。

其次，考虑到外部效度的问题，本研究借鉴了 Wallace 等人（2008）的实验程序，而没有采用 Tabak 等人（2012）的研究方法，并在实验中对相关变量的操纵进行了控制和验证。然而，无论如何，Tabak 等人（2012）运用计算机程序进行的实验室研究，其控制程度还是相对较高。因此，后续的研究还可以考虑进一步通过该实验室研究的形式对结论加以验证，或考虑将两种方法加以结合运用。

第三，本研究的博弈任务采用了金钱损失作为创设伤害情境的工具，但不可否认的是，单纯的金钱损失是否和实际生活一致还值得探讨：一方面，研究中金钱的得失并不大，少则几元、十几元，多则几十元，这样的得失是否能够充分激发被试的情绪体验还值得商榷；另一方面，经济利益关系只是人际关系的一种，基于经济利益受损而产生的研究结论是否能够推论到其他关系中（如名誉受损害、身体受伤害等）还需要进一步的研究验证。

第四，在有关机制的研究中，对内疚、共情等都采用了自我报告或问卷测量的方法进行测量，尽管内疚等情绪属于高级情绪，一般也采用自我报告和情景模拟的方法进行测量（谢晶，方平，姜媛，2011），然而随着一些非言语技术（如反应时技术、脑成像技术等）的发展，高级情绪的测量也逐渐有了新的手段，因此后续的研究也可以通过这些技术，对情绪进行更加准确的测量，进而更加明确冒犯者得到宽恕以后的行为机制。

最后，第四章有关机制的研究发现，在得到宽恕与否对冒犯者之后行为的影响中，对这件事的内疚程度起到中介作用，并且中介效应占了总效应的大部分（约60%），这一方面说明情境性内疚在很大程度上确实是宽恕后行为产生的重要机制之一，但另一方面也说明，可能还存在其他的因素会影响冒犯者得到宽恕后的行为。因此，除了情绪的作用（包括情绪体验和情绪能力等），冒犯者得到宽恕后的行为是否还有其他的机制形式，这也是后续研究值得进一步探讨的问题。

　　除了以上几点以外，还有一些小问题在后续的研究中也值得加以思考：例如宽恕或不宽恕的表达方式不同，有人通过语言表达宽恕，有人通过行为表达宽恕，也有人通过态度表达宽恕，这些不同的表达方式对结果是否有不同的影响？宽恕或不宽恕对于被试的长期效应如何，即在得到或没有得到宽恕一段时间后，得到宽恕与否对之后行为的影响是否有变化？冒犯者如何在得到宽恕之后，避免再次伤害被冒犯者？本研究人格因素的探讨采用了西方大五人格的理论与工具，而在中国文化背景下，是否有其他人格因素会影响这一关系，如面子、求和等因素，今后的研究也可以通过相关的中国人格量表对该领域进行研究等。

# 参考文献

［1］陈向明.（2000）.质的研究方法与社会科学研究.北京：教育科学出版社.

［2］陈向明，林小英.（2004）.如何成为质的研究者：质的研究方法的教与学.北京：教育科学出版社.

［3］杜丽群.（2013）.2012年诺贝尔经济学奖获得者学术成果综述.南京理工大学学报（社会科学版），26（1），72–76.

［4］喻丰，郭永玉.（2009）.自我宽恕的概念、测量及其与其他心理变量的关系.心理科学进展，17，1309–1315.

［5］傅宏.（2002）.宽恕：当代心理学研究的新主题.南京师范大学学报（社会科学版），6，80–86.

［6］傅宏.（2004）.宽恕理论在心理学治疗领域中的整合发展趋势.教育研究与实验，3，54–59.

［7］付俊杰，罗峥，杨思亮.（2009）.初中生反应性——主动性攻击问卷的修订.首都师范大学学报（社会科学版），（S4），199–202.

［8］高倩，佐斌，郭新立，马红宇.（2010）.人际吸引机制探索：主我分享中情绪的作用.心理与行为研究，（3），183–189.

［9］胡三嫚，张爱卿，贾艳杰，钟华.（2005）.大学生人际宽恕与报复心理研究.中国临床心理学杂志，13，55–57.

[10] 李安.（2009）.弑师行为的犯罪心理分析.青少年犯罪问题，（1），65–69.

[11] 李晨枫，吕锐，刘洁，钟杰.（2011）.基本共情量表在中国青少年群体中的初步修订.中国临床心理学杂志，19（2），163–166.

[12] 黎玉兰，付进.（2013）.大学生自尊与宽恕倾向的关系：归因的中介作用.中国临床心理学杂志，1，129–132.

[13] 刘会驰，吴明霞.（2011）.大学生宽恕、人际关系满意感与主观幸福感的关系研究.中国临床心理学杂志，19（4），531–533.

[14] 罗春明，黄希庭.（2004）.宽恕的心理学研究.心理科学进展，12，908–915.

[15] 马洁，郑全全.（2010）.由三个宽恕模型看宽恕研究新进展.心理科学进展，18，734–740.

[16] 聂衍刚，李祖娴，万华，胡春香.（2012）.中学生生活压力事件人格特质与攻击行为的关系.中国学校卫生，33（012），1464–1467.

[17] 潘知常.（2005）.慈悲为怀：没有宽恕就没有未来——中西文化传统中的宽恕.江苏行政学院学报，4，28–33.

[18] 单家银，徐光兴.（2008）.自我宽恕：健康心理学新热点.中国临床心理学杂志，16，92–94.

[19] 孙昕怡，陈璟，李红，李秀丽.（2009）.合作指数与描述方式对儿童囚徒困境博弈中合作行为的影响.心理发展与教育，（1），27–33.

[20] 索涛，冯廷勇，贾世伟，李红.（2009）.决策失利后情绪的接近性效应与 ERP 证据.中国科学：C 辑，（6），611–620.

[21] 王啸天.（2009）.老年慢性疼痛心理因素的质性研究.博士学位论文.上海：华东师范大学.

[22] 温忠麟，侯杰泰，张雷.（2005）.调节效应与中介效应的比较和应用.心理学报，37（2），268–274.

[23] 温忠麟,张雷,侯杰泰.（2006）.有中介的调节变量和有调节的中介变量.心

理学报，38，448-452.

[24] 温忠麟，刘红云，侯杰泰．（2012）.调节效应和中介效应分析.北京：
教育科学出版社.

[25] 温忠麟，叶宝娟．（2014）.有调节的中介模型检验方法：竞争还是替补？
心理学报，46（5），714-726.

[26] 谢晶，方平，姜媛．（2011）.情绪测量方法的研究进展.心理科学，
34，488-493.

[27] 徐晓娟．（2009）.大学生宽恕行为与人格的相关研究.沙洋师范高等专
科学校学报，10，19-22.

[28] 杨国枢．（2004）.中国人的心理与行为：本土化研究.北京：中国人民
大学出版社.

[29] 张登浩，罗琴．（2011）.宽恕性与"大七"人格维度.中国临床心理学
杂志，19，100-102.

[30] 张登浩，武艳俊．（2012）.人格宽恕性与心理健康：社会支持的中介
作用.中国临床心理学杂志，20（4），577-579.

[31] 张海霞，谷传华．（2009）.宽恕与个体特征、环境事件的关系.心理科
学进展，17，774-779.

[32] 张琨，方平，姜媛，于悦，欧阳恒磊．（2014）.道德视野下的内疚.心
理科学进展，22（10），1628-1636.

[33] 张蕊．（2008）.大学生对宽恕内涵理解的调查研究.中国青年研究，
10，95-98.

[34] 张田，丁雪辰，翁晶，傅宏，薛艳．（2014）."得寸进尺"还是"适
可而止"：基于冒犯者角度对宽恕结果的讨论.心理科学进展，22（1），
104-111.

[35] 张田，傅宏．（2013）.宜人性对大学生恋爱宽恕的影响：有中介的调
节模型.中国临床心理学杂志，21（3），508-511.

[36] 张田，傅宏．（2014）.大学生的恋爱宽恕：问卷编制与特点研究.心理

与行为研究，12（2），220–225.

[ 37 ] 张田，孙卉，傅安球．（2012）.集体主义背景下的宽恕研究及其对心理治疗的启示.心理科学进展，20（2），265–273.

[ 38 ] 郑璞，俞国良，郑友富．（2010）.经济博弈中儿童信任的发展.心理发展与教育，26（4），378–383.

[ 39 ] 宗培，白晋荣．（2009）.宽恕干预研究述评宽恕在心理治疗中的作用.心理科学进展，17，1010–1015.

[ 40 ] Albiero, P., Matricardi, G., Speltri, D., Toso, D.（2009）.The assessment of empathy in adolescence: A contribution to the Italian validation of the "Basic Empathy Scale".Journal of Adolescence, 32（2）, 393–408.

[ 41 ] Al–Mabuk, R.H., Enright, R.D., Cardis, P.A.（1995）.Forgiveness education with parentally love–deprived late adolescents.Journal of Moral Education, 24, 427–444.

[ 42 ] Arimitsu, K.（2002）.Structure of guilt eliciting situations in Japanese adolescents.The Japanese Journal of Psychology, 73, 148–156.

[ 43 ] Augsburger, D.（1981）.Caring Enough to Forgive.Ventura, CA: Regal.

[ 44 ] Axelrod, R., Hamilton, W.D.（1981）.The evolution of cooperation. Science, 211（4489）, 1390–1396.

[ 45 ] Balkin, R.S., Freeman, S.J., Lyman, S.R.（2009）.Forgiveness, reconciling, and mechila: Integrating the Jewish concept of forgiveness into clinical practice.Counseling and Values, 53, 153–160.

[ 46 ] Baumeister, R.F., Exline, J.J., Sommer, & K.L.（1998）.The victim role, grudge theory, and two dimensions of forgiveness.In E.L.Worthington（Ed.）, Dimensions of Forgiveness（pp.79–104）.Radnor, PA: Templeton Foundation Press.

[ 47 ] Baumeister, R.F., Stillwell, A.M., Heatherton, T.F.（1994）.Guilt: An

interpersonal approach.Psychological Bulletin，115，243–267.

[48] Benson, C.K.（1992）.Forgiveness and the psychotherapeutic process. Journal of Psychology and Christianity，11，76–81.

[49] Brandsma, J.M.（1982）.Forgiveness：A dynamic, theological, and therapeutic analysis.Pastoral Psychology，31，41–50.

[50] Brembs, B.（1996）.Chaos, cheating and cooperation：Potential solutions to the Prisoner's Dilemma.Oikos，14–24.

[51] Brown, B.R.（1968）.The effects of need to maintain face on interpersonal bargaining.Journal of Experimental Social Psychology，4，107–122.

[52] Brown, R., Cehajic, S.（2008）.Dealing with the past and facing the future：Mediators of the effects of collective guilt and shame in Bosnia and Herzegovina.European Journal of Social Psychology，38，669–684.

[53] Callister, R.R., Wall, J.A., Jr.（2004）.Thai and U.S.community mediation.Journal of Conflict Resolution，48，573–598.

[54] Cialdini, R.B.（1993）.Influence：Science and practice（3rd ed.）.New York：Harper Collins.

[55] Cohen, T.R., Wolf, S.T., Panter, A.T., Insko, C.A.（2011）. Introducing the GASP scale：A new measure of guilt and shame proneness. Journal of Personality and Social Psychology，100（5），947–966.

[56] Coyle, C.T., Enright, R.D.（1998）.Forgiveness education with adult learners.In M.C.Smith, T.Pourchot（Eds.）, Adult learning and development：Perspective from educational psychology（pp.219–238）. Mahwah, NJ：Erlbaum.

[57] Coyle, C.T., Enright, R.D.（1997）.Forgiveness intervention with postabortion men.Journal of Consulting and Clinical Psychology，65，1042–1046.

[58] D'Ambrosio, F., Olivier, M., Didon, D., Besche, C.（2009）.The

basic empathy scale: A French validation of a measure of empathy in youth. Personality and Individual Differences, 46 (2), 160–165.

[59] Davis, J.R., Gold, G.J. (2011).An examination of emotional empathy, attributions of stability, and the link between perceived remorse and forgiveness.Personality and Individual Differences, 50 (3), 392–397.

[60] Davis, D.E., Hook, J.N., Worthington, E. L., JR., Van Tongeren, D.R., Gartner, A.L., Jennings II, D.J. (2010).Relational spirituality and forgiveness: Development of the Spiritual Humility Scale (SHS).Journal of Psychology Theology, 38, 91–100.

[61] de Hooge, I.E., Nelissen, R.M.A., Breugelmans, S.M., Zeelenberg, M.(2011). What is moral about guilt? Acting "Prosocially" at the disadvantage of others.Journal of Personality and Social Psychology, 100, 462–473.

[62] de Wall, F.B.M., Pokorny, J.J. (2005).Primate conflict and its relation to human forgiveness.In E.L.Worthington, JR. (Ed.), Handbook of forgiveness (pp.17–32).New York: Brunner–Routledge.

[63] Doosje, B., Branscombe, N.R., Spears, R., Manstead, A.S.R. (1998). Guilty by association: When one's group has a negative history.Journal of Personality and Social Psychology, 75, 872–886.

[64] Droll, D.M. (1984).Forgiveness: Theory and research.Doctoral dissertation, University of Nevada, Reno.

[65] Edwards, J.R., Lambert, L.S. (2007).Methods for integrating moderation and mediation: A general analytical framework using moderated path analysis. Psychological Methods, 12, 1–22.

[66] Eisenberg, N., Eggum, N.D., Di Giunta, L. (2010).Empathy related responding: Associations with prosocial behavior, aggression, and intergroup relations.Social Issues and Policy Review, 4 (1), 143–180.

[67] Eisenberg, N., Miller, P., A. (1987).Empathy, sympathy, and

altruism: empirical and conceptual links.In N.Eisenberg , J.Strayer（Eds.），Empathy and its development（pp.292–316）.Cambridge，MA：Cambridge University Press.

［68］Eisenberg，N.，Miller，P.A.（1987）.The relation of empathy to prosocial and related behaviors.Psychological Bulletin，101（1），91.

［69］Eisenberg，N.（2000）.Emotion，regulation and moral development.Annual Review of Psychology，51，665–697.

［70］Enright，R.D.，Gassin，E.A.，Wu，C.（1992）.Forgiveness：A developmental view.Journal of Moral Education，2，99–114.

［71］Enright，R.D.，the Human Development Study Group.（1991）.Five points on the construct of forgiveness within psychotherapy.Psychotherapy：Theory，Research，Practice，and Training，28，493–496.

［72］Enright，R.D.，the Human Development Study Group.（1996）.Counseling within the forgiveness triad：On forgiving，receiving forgiveness，and self–forgiveness.Counseling and Value，40，107–126.

［73］Enright，R.D.，Santos，M.J.D.，A1–Mabuk，R.（1989）.The adolescent as forgiver.Journal of Adolescence，12，95–110.

［74］Exline，J.J.，Baumeister，R.F.（2000）.Expressing forgiveness and repentance：Benefits and barriers.In M.McCullough，K.Pargament，C.Thoresen（Eds.），Forgiveness（pp.133–155）.New York：Guilford.

［75］Exline，J.J.，Worthington，E.L.，Jr.，Hill，P.，McCullough，M.E.（2003）.Forgiveness and justice：A research agenda for social and personality psychology.Personality and Social Psychology Review，7，337–348.

［76］Ferguson，T.J.，Brugman，D.，White，J.，Eyre，H.L.（2007）.Shame and guilt as morally warranted experiences.In Tracy，Jessica L.，Robins，Richard W.，Tangney，June Price（Eds.），The self–conscious emotions：Theory and research（pp.330–348）.New York，NY，US：

Guilford Press.

[77] Fincham, F.D., Beach, S.R. (2002) .Forgiveness in marriage: Implications for psychological aggression and constructive communication. Personal Relationships, 9, 239–251.

[78] Fincham, F.D., Beach, S.R., Davila, J. (2004) .Forgiveness and conflict resolution in marriage.Journal of Family Psychology, 18, 72–81.

[79] Fincham, F.D., Beach, S.R.H., Davila, J. (2007) .Longitudinal Relations Between Forgiveness and Conflict Resolution in Marriage.Journal of Family Psychology, 21, 542–545.

[80] Fincham, F.D., Hall, J.H., Beach, S.R.H. (2005) .Til lack of forgiveness doth us part: Forgiveness in marriage.In E.L.Worthington (Ed.), Handbook of forgiveness (pp.207–226) .New York: Routledge.

[81] Freedman, S.R., Enright, R.D. (1996) .Forgiveness as an intervention goal with incest survivors.Journal of Consulting and Clinical Psychology, 64, 983–992.

[82] Frise, N.R., McMinn, M.R. (2010) .Forgiveness and reconciliation: The differing perspectives of psychologists and Christian theologians.Journal of Psychology and Theology, 38, 83–90.

[83] Fisher, M.L., Exline, J.J. (2006) .Self–forgiveness versus excusing: The roles of remorse, effort, and acceptance of responsibility.Self Identity, 5, 127–146.

[84] Fletcher, J.A., Zwick, M. (2007) .The evolution of altruism: Game theory in multilevel selection and inclusive fitness.Journal of Theoretical Biology, 245 (1) , 26–36.

[85] Fonseca, A.C.M., Neto, F., Mullet, E. (2012) .Dispositional forgiveness among homicide offenders.Journal of Forensic Psychiatry Psychology, 23, 410–416.

［86］Fu，H.（2005）.Personality correlates of the disposition towards interpersonal forgiveness：A Chinese perspective.Unpublished doctoral thesis，The University of Hong Kong，Hong Kong.

［87］Gartner，J.（1988）.The capacity to forgive：An object relations perspective.Journal of Religion and Health，27，313-320.

［88］Girard，M.，Mullet，E.，Cahhahan，S.（2002）.Mathematics of forgiveness.American Journal of Psychology，115，351-376.

［89］Glaser，B.，Strauss，A.（1967）.The discovery of grounded theory：Strategies for qualitative research.Chicago：Aldine.

［90］Goldberg，L.R.（1992）. The development of markers for the Big-Five factor structure. Psychological Assessment，4，26-42.

［91］Hall，J.H.，Fincham，F.D.（2008）.Self-forgiveness：The stepchild of forgiveness research.Journal of Social and Clinical Psychology，24，621-637.

［92］Ho，M.Y.，Fung，H.H.（2011）.A dynamic process model of forgiveness：A cross-cultural perspective.Review of General Psychology，15，77-84.

［93］Hodgins，H.S.，Liebeskind，E.，Schwartz，W.（1996）.Getting out of hot water：Facework in social predicaments.Journal of Personality and Social Psychology，71，300-314.

［94］Holeman，V.T.（2004）.Reconcilable differences：Hope and healing for troubled marriages.Downers Grove，IL：Intervarsity Press.

［95］Hook，J.N.，Worthington，E.L.Jr.，Utsey，S.O.（2009）.Collectivism，forgiveness，and social harmony.The Counseling Psychologist，37，821-847.

［96］Hope，D.（1987）.The healing paradox of forgiveness.Psychotherapy，24（2），240-244.

［97］Howell，A.J.，Turowski，J.B.，Buro，K.（2012）.Guilt，empathy，and apology.Personality and Individual Differences，53，917–922.

［98］Hui，E.K.P.，Chau，T.S.（2009）.The impact of a forgiveness intervention with Hong Kong Chinese children hurt in interpersonal relationship.British Journal of Guidance Counseling，37，141–156.

［99］Hunter，R.C.A.（1978）.Forgiveness，retaliation，and paranoid reactions. Canadian Psychiatric Association Journal，23，167–173.

［100］Ickes，W.（Ed.）（1997）.Empathic accuracy.New York：Guilford Press.

［101］Iyer，A.，Leach，C.W.，Crosby，F.J.（2003）.White guilt and racial compensation：The benefits and limits of self–focus.Personality and Social Psychology Bulletin，29，117–129.

［102］Jensen–Campbell，L.A.，Adams，R.，Perry，D.G.，Workman，K.A.，Furdella，J.Q.，Egan，S.K.（2002）.Agreeableness，extraversion，and peer relations in early adolescence：Winning friends and deflecting aggression.Journal of Research in Personality，36（3），224–251.

［103］Jolliffe，D.，Farrington，D.P.（2006）.Development and validation of the Basic Empathy Scale.Journal of Adolescence，29（4），589–611.

［104］Karremans，J.C.，Van Lange，P.A.M.，Ouwerkerk，J.W.，Kluwer，E.S.（2003）.When forgiving enhances psychological well–being：The role of interpersonal commitment.Journal of Personality and Social Psychology，84，1011–1026.

［105］Karremans，J.C.，Van Lange，P.A.（2004）.Back to caring after being hurt：The role of forgiveness.European Journal of Social Psychology，34（2），207–227.

［106］Kelln，B.R.C.，Ellard，J.H.（1999）.An equity theory analysis of the impact of forgiveness and retribution on transgressor compliance.Personality and Social Psychology Bulletin，25，864–872.

［107］Kochanska, G., Aksan, N.（1995）.Mother-child mutually positive affect, the quality of child compliance to requests and prohibitions, and maternal control as correlates of early internalization.Child Development, 66, 236-254.

［108］Koutson, J., Enright, R.D., Garbers, B.（2008）.Validating the developmental pathway of forgiveness.Journal of Counseling Development, 86, 193-199.

［109］Koutsos, P., Wertheim, E.H., Kornblum, J.（2008）.Paths to interpersonal forgiveness: The roles of personality, disposition to forgive and contextual factors in predicting forgiveness following a specific offence. Personality and Individual Differences, 44（2）, 337-348.

［110］Lawler-Row, K., Scott, C.A.（2007）.The Varieties of Forgiveness Experience: Working toward a Comprehensive Definition of Forgiveness. Journal of Religion Health, 46, 233-248.

［111］Leith, K.P., Baumeister, R.F.（1998）.Empathy, shame, guilt, and narratives of interpersonal conflicts: Guilt-prone people are better at perspective taking.Journal of Personality, 66, 1-37.

［112］Leng, R.L., Wheeler, H.G.（1979）.Influence strategies, success, and war.Journal of Conflict Resolution, 23, 655-684.

［113］Leung, K., Au, Y., Fernandez-Dols, J.M., Iwawaki, S.（1992）. Preference for methods of conflict processing in two collectivist cultures. International Journal of Psychology, 27, 195-209.

［114］Loewen, J.A.（1970）.The social context of guilt and forgiveness.Practical Anthropology, 17, 80-96.

［115］Loflan, J.（1971）.Analyzing social settings: A guide to qualitative observation and analysis.Belmont, CA: Wadsworth.

［116］Lucas, T., Young, J.D., Zhdanova, L., Alexander, S.（2010）.Self

and other justice beliefs, impulsivity, rumination, and forgiveness:
Justice beliefs can both prevent and promote forgiveness.Personality and
Individual Differences, 49, 851–856.

[117] Macy, M. (1996).Natural Selection and Social Learning in Prisoner's
Dilemma Coadaptation with Genetic Algorithms and Artificial Neural
Networks.Sociological Methods Research, 25 (1), 103–137.

[118] Martin, J.A. (1953).A realistic theory of forgiveness.Regnery.

[119] Maxwell, J. (1992).Understanding and validity in qualitative research.
Harvard Educational Review, 62, 279–300.

[120] Mellor, D., Fung, S.W.T., binti Mamat, N.H. (2012).Forgiveness,
empathy and gender—a malaysian perspective.Sex Roles, 67 (1–2),
98–107.

[121] McCullough, M.E. (2000).Forgiveness as human strength: Theory,
measurement, and links to well-being.Journal of Social and Clinical
Psychology, 19, 43–55.

[122] McCullough, M.E. (2001).Forgiveness: Who does it and how do they do
it? Current Directions in Psychological Science, 10, 194–197.

[123] Relationship McCullough, M.E., Bellah, C.G., Kilpatrick, S.D.,
Johnson, J.L. (2001).Vengefulness: Relationship with forgiveness,
rumination, well-being and the Big Five.Personality and Social Psychology
Bulletin, 27, 601–610.

[124] McCullough, M.E., Emmons, R.A., Tsang, J.A. (2002).The grateful
disposition: A conceptual and empirical topography.Journal of Personality
and Social Psychology, 82 (1), 112.

[125] McCullough, M.E., Kilpatrick, S.D., Emmons, R.A., Larson, D.B.(2001).
Is gratitude a moral affect?.Psychological Bulletin, 127 (2), 249.

[126] McCullough, M.E., Hoyt, W.T. (2002).Transgression-related

motivational dispositions: Personality substrates of forgiveness and their links to the Big Five.Personality and Social Psychology Bulletin, 28, 1556–1573.

［127］McCullough, M E., Kurzban, R., Tabak, B.A.（2011）.Evolved mechanisms for revenge and forgiveness.In Shaver, Phillip, R.Mikulincer, Mario（Eds.）, Human aggression and violence: Causes, manifestations, and consequences（pp.221–239）.Washington, DC, US: American Psychological Association.

［128］McCullough, M.E., Worthington, E, L., Jr.（1994）.Models of interpersonal forgiveness and their applications to counseling: Review and critique.Counseling and Values, 39, 2–14.

［129］McCullough, M.E., Worthington, E.L., Jr., Rachal, K.C.（1997）. Interpersonal forgiving in close relationships.Journal of Personality and Social Psychology, 73, 321–336.

［130］McGarty, C., Pederson, A., Leach, C.W., et al.（2005）.Group-based guilt as a predictor of commitment to apology.British Journal of Social Psychology, 44, 659–680.

［131］McNulty, J.K.（2008）.Forgiveness in marriage: Putting the benefits into context.Journal of Family Psychology, 22（1）, 171.

［132］McNulty, J.K.（2011）.The dark side of forgiveness: The tendency to forgive predicts continued psychological and physical aggression in marriage. Personality and Social Psychology Bulletin, 37（6）, 770–783.

［133］McNulty, J.K.（2010）.Forgiveness increases the likelihood of subsequent partner transgressions in marriage.Journal of Family Psychology, 24（6）, 787.

［134］Molden, D.C., Finkel, E.J.（2010）.Motivations for promotion and prevention and the role of trust and commitment in interpersonal forgiveness.

Journal of Experimental Social Psychology, 46（2）, 255–268.

［135］Nelson, M.K.（1992）.A new theory of forgiveness.Doctoral dissertation, Purdue University, West LaFayette, IN.

［136］Neto, F.（2007）.Forgiveness personality and gratitude.Personality and Individual Differences, 43, 2313–2323.

［137］Nezlek, J., Brehm, J.W.（1975）.Hostility as a function of the opportunity to counteraggress.Journal of Personality, 43, 421–433.

［138］Nowak, M.A.（2006）.Five rules for the evolution of cooperation.Science, 314（5805）, 1560–1563.

［139］Nowak, M., Sigmund, K.（1990）.The evolution of stochastic strategies in the prisoner's dilemma.Acta Applicandae Mathematicae, 20（3）, 247–265.

［140］Pailing, A., Boon, J., Egan, V.（2014）.Personality, the Dark Triad and violence.Personality and Individual Differences, 67, 81–86.

［141］Pargament, K.I., McCullough, M.E., Thoresen, C.E.（2000）.The frontier of forgiveness.Forgiveness: Theory, Research and Practice, 299–319.

［142］Patton, M.Q.（1990）.Qualitative evolution and research methods （2nd ed）.Newbury, Park: Sage.

［143］Pattison, E.M.（1989）.Punitive and reconciliation models of forgiveness.In L.Aden and D.G.Benner （Eds.）, Counseling and the human predicament （pp.162–176）.Grand Rapids, MI: Baker Book House.

［144］Paz, R., Neto, F., Mullet, E.（2008）.Forgiveness: A China–Western Europe comparison.Journal of Psychology: Interdisciplinary and Applied, 142, 147–157.

［145］Pettitt, G.A.（1987）.Forgiveness: A teachable skill for creating and maintaining mental health.New Zealand Medical Journal, 100, 180–182.

［146］Reed, H., Burkett, L., Garzon, F.（2001）.Exploring forgiveness as an intervention in psychotherapy.Journal of Psychotherapy in Independent Practice, 2, 1–16.

［147］Peggy, K., Wertheim, E.H., Kornblum., J.（2008）.Paths to interpersonal forgiveness：The roles of personality, disposition to forgive and contextual factors in predicting forgiveness following a specific offence. Personality and Individual Differences, 44, 337–348.

［148］Rye, M.S., Pargament, K.I., Ali, M.A., Beck, G.L.（2000）. Religious perspectives on forgiveness.In M.E.McCullough K.I.Pargament C.E.Thoresen（Eds.）,Forgiveness : Theory,research,and practice（pp.17）. New York：The Guilford Press.

［149］Ross, S.R., Hertenstein, M.J., Wrobel, T.A.（2007）.Maladaptive correlates of the failure to forgive self and others：Further evidence for a two–component model of forgiveness.Journal of Personality Assessment, 88, 158–167.

［150］Sandage, S.J., Jankowski, P.J.（2010）.Forgiveness, spiritual instability, mental health symptoms, and well–being: Mediator effects of differentiation of self.Psychology of Religion and Spirituality, 2, 168–180.

［151］Stillwell, A.M., Baumeister, R.F.（1997）.The construction of victim and perpetrator memories：Accuracy and distortion in role–based accounts. Personality and Social Psychology Bulletin, 23, 1157–1172.

［152］Schumann, K.（2012）.Does love mean never having to say you're sorry? Associations between relationship satisfaction, perceived apology sincerity, and forgiveness.Journal of Social and Personal Relationships, 29 （7）, 997–1010.

［153］Shepherd, S., Belicki, K.（2008）.Trait forgiveness and traitedness within the HEXACO model of personality.Personality and Individual

Differences, 34, 589–394.

[ 154 ] Transaction Decoupling: How Price Bundling Affects the Decision to Consume.

[ 155 ] Smith, M. ( 1981 ).The psychology of forgiveness.Month, 14, 301–307.

[ 156 ] Soman, D., John, G. ( 2001 ).Transaction decoupling: How price bundling affects the decision to consume.Journal of Marketing Research, 38, 30–44.

[ 157 ] Spidell, S., Liberman, D. ( 1981 ).Moral development and the forgiveness of sin.Journal of Psychology and Theology, 9, 159–163.

[ 158 ]Squires, E.C., Sztainert, T., Gillen, N.R., Caouette, J., Wohl, M.J.A.( 2012 ). The problem with self–forgiveness: Forgiving the self deters readiness to change among gamblers.Journal of Gambling Studies, 28, 337–350.

[ 159 ] Stover, C.S. ( 2005 ).Domestic violence research: What we have learned and where do we go from here? Journal of Interpersonal Violence, 20, 448–454.

[ 160 ] Tabak, B.A., McCullough, M.E., Luna, L.R., Bono, G., Berry, J.W.( 2012 ). Conciliatory Gestures Facilitate Forgiveness and Feelings of Friendship by Making Transgressors Appear More Agreeable.Journal of Personality, 80, 503–536.

[ 161 ] Tangney, J.P. ( 1991 ).Moral affect: The good, the bad, and the ugly. Journal of Personality and Social Psychology, 61, 598–607.

[ 162 ] Tangney, J.P., Stueweg, J., Mashek, D.J. ( 2007 ).Moral emotions and moral behaviour.Annual Review of Psychology, 58, 345–372.

[ 163 ] Tedeschi, J.T., Hiester, D.S., Gahagan, J.P. ( 1969 ).Trust and the prisoner's dilemma game.The Journal of Social Psychology, 79 ( 1 ), 43–50.

[ 164 ] Tse, M.C., Cheng, S. ( 2006 ).Depression reduces forgiveness selectively

as a function of relationship closeness and transgression.Personality and Individual Differences, 40, 1133–1141.

[165] Thompson, L.Y., Snyder, C., Hoffman, L.（2005）.Dispositional forgiveness of self, others, and situations.Journal of Personality, 73, 313–359.

[166] Trainer, M.F.（1981）.Forgiveness：Intrinsic, role–expected, expedient, in the context of divorce.Doctoral dissertation, Boston University, Boston, MA.

[167] Trivers, R.（1985）.Social evolution.Menlo Park, CA：Benjamin/ Cummings.

[168] Turnage, B.F., Hong, Y.J., Stevenson, A.P., Edwards, B.（2012）. Social work students' perceptions of themselves and others：Self–esteem empathy, and forgiveness.Journal of Social Service Research, 38（1）, 89–99.

[169] Turner, J.H., Stets, J.E.（2006）.Moral emotions.In J.E.Stets J.H.Turner （Eds.）, Handbook of the sociology of emotions.（pp.545–566）.New York：Springer.

[170] van Oyen Witvliet, C.（2012）.Understanding and Approaching Forgiveness as Altruism：Relationships with Rumination, Self–Control and a Gratitude–Based Strategy.A Journey Through Forgiveness, 99.

[171] Wade, N.G., Everett, L., Worthington, E.L., JR.（2005）.In search of a common core：A content analysis of interventions to promote forgiveness. Psychotherapy：Theory, Research, Practice, Training, 42, 160–177.

[172] Wade, N.G., Johnson, C.V., Meyer, J.E.（2008）.Understanding concerns about interventions to promote forgiveness：A review of the literature.Psychotherapy：Theory, Research, Practice, and Training, 45, 88–102.

［173］Wade, N.G., Worthington, E, L., JR. (2005).In search of common core: A content analysis of intervention to promote forgiveness. Psychotherapy: Theory, Research, Practice, and Training, 42, 160–177.

［174］Wallace, H.M., Exline, J.J., Baumeister, R.F. (2008).Interpersonal consequences of forgiveness: Does forgiveness deter or encourage repeat offenses? Journal of Experimental Social Psychology, 44, 453–460

［175］Wang, T. (2008).Forgiveness and big five personality traits among Taiwan undergraduates.Social Behavior Personality: An International Journal, 36, 849–850.

［176］Wenzel, M., Okimoto, T.G. (2012).The varying meaning of forgiveness: Relationship closeness moderates how forgiveness affects feelings of justice.European Journal of Social Psychology, 42 (4), 420–431.

［177］Wenzel, M., Woodyatt, L., Hedrick, K. (2012).No genuine self-forgiveness without accepting responsibility: Value reaffirmation as a key to maintaining positive self–regard.European Journal of Social Psychology, 42, 617–627.

［178］Wertheim, E.H., Donnoli, M. (2012).Do offender and victim typical conflict styles affect forgiveness? International Journal of Conflict Management, 23, 57–76.

［179］Witvliet, C.V., Ludwig, T.E., Vander Laan, K.L. (2001).Granting forgiveness or harboring grudges: Implications for emotion, physiology, and health.Psychological Science, 12, 117–123.

［180］Wohl, M.J.A., Branscombe, N.R. (2005).Forgiveness and collective guilt assignment to historical perpetrator groups depend on level of social category inclusiveness.Journal of Personality and Social Psychology, 88,

288–303.

[181] Wolf, S.T., Cohen, T.R., Panter, A.T., Insko, C.A. (2010). Shame proneness and guilt proneness: Toward the further understanding of reactions to public and private transgressions.Self Identity, 9, 337–362.

[182] Woodyatt, L., Wenzel, M. (2013).Self-Forgiveness and Restoration of an Offender Following an Interpersonal Transgression.Journal of Social Clinical Psychology, 32, 225–259.

[183] Worthington, E.L., Jr. (Ed.). (2005).Handbook of forgiveness.New York: Brunner-Routledge.

[184] Worthington, E.L., Jr. (2006).Forgiveness and reconciliation: Theory and application.Routledge.

[185] Worthington, E.L., Jr., Scherer, M. (2004).Forgiveness is an emotion-focused coping strategy that can reduce health risks and promote health resilience: Theory, review, and hypotheses.Psychology and Health, 19, 385–405.

[186] Worthington, E.L., Jr., Sharp, C.B., Lerner, A.J., Sharp, J.R. (2006). Interpersonal forgiveness as an example of loving one's enemies.Journal of Psychology and Theology, 34, 32–42.

[187] Zhong, J., Wang, C., Li, J., Liu, J. (2009).Penn State Worry Questionnaire: Structure and psychometric properties of the Chinese version.Journal of Zhejiang University Science B, 10 (3), 211–218.

[188] Zechmeister, J.S., Romero, C. (2002).Victim and offender accounts of interpersonal conflict: Autobiographical narratives of forgiveness and unforgiveness.Journal of Personality and Social Psychology, 82, 675–686.

# 附录

## 附录 1：研究一的访谈提纲

前期准备：

研究者向受访者逐条介绍《知情同意书》的每一条条款，并请受访者在《知情同意书》上签字确认，此后在征得受访者的同意后，开始录音进入访谈。

开始访谈：

问题 1：人口学信息（主要用来收集受访者的个人信息，包括年龄、职业、籍贯等）。

问题 2：回忆伤害事件（请受访者回忆其个人经历中，印象最为深刻的伤害他人的事情，并请其描述该事情，包括事发时间、地点、人物、主要经过、事情的结果、事后感受等）。

问题 3：得到宽恕与否（请受访者谈谈其在这件事情发生以后，对方是否宽恕了他，包括对方的反应、如何宽恕、如何确认对方已宽恕或没有宽恕等）。

问题 4：得到宽恕以后的行为（请受访者谈谈其在得到或没有得到宽恕后的行为，包括面对对方的宽恕或非宽恕，受访者有何反应；在遇到同样情况时是否会再次伤害对方；哪些因素导致了受访者会做出如此行为等）。

问题 5：动机和机制（请受访者描述其行为的原因及过程，包括当时是怎么想的、为什么这么做、出于何种动机、这个行为过程是如何发生的等）。

结束访谈：

向受访者确认是否还有相关的内容需要补充，以及对访谈还有何疑问。最后向受访者赠送礼品以示感谢。

# 附录 2：研究一的受访者信息收集表

| 姓名 | | 性别 | |
|---|---|---|---|
| 籍贯 | | 婚姻状况 | |
| 学历 | | 职业 | |
| 主要联系方式 | | | |
| 其他联系方式 | | | |
| 方便联系时间 | | | |
| 访谈时间 | | 访谈地点 | |
| 签名确认 | | | |

# 附录 3：研究一的受访者《知情同意书》

您好，我是南京师范大学心理学院发展与教育心理学专业的博士研究生张田，非常荣幸邀请您参与此次访谈，在访谈开始之前，有几点需要向您说明：

1. 此次访谈是我博士学位论文的重要组成部分，其主要内容是了解您在人际交往中的一些情况。

2. 此次访谈的时间约为 30 分钟，出于研究的需要，访谈过程中需要对访谈进行录音记录，并在访谈结束后将录音转化为文本资料。

3. 您的个人信息，以及在访谈中出现的人名、工作单位等信息都将用字母或化名代替，不会出现您的真实信息，如有其他不方便公开之处，您也可以向我说明。总之，访谈中的所有信息我都会严格为您保密。

4. 在将录音资料转化为文本资料后，我会将录音资料和文本资料一并发给您核查，研究成文后，我也会将研究报告发给您核查。

5. 您有权利选择不参加此次访谈，在访谈过程中，您也可以随时退出访谈，这是您的权利。

6. 访谈结束后，您将获得一份小礼品以示我的感谢。

7. 如您是 18 周岁以下的未成年人，需获得您父母的许可。

8. 若您对于访谈及相关内容有任何疑问，可随时联系研究者（张田，电话：18936894190，邮箱：zhangtian_psy@126.com，QQ：597499359）。

作为受访者，我已阅读并了解该《知情同意书》的所有条款，同意受邀参与此次访谈。（请将该句话抄写在下面的横线上，并签名确认）

签　名：

日　期：

# 附录4：研究二中答题游戏的题目

**历史题：**

1. 历史上第一位统一中国的皇帝是谁？（秦始皇 / 嬴政）

2. 唐朝的都城长安是现在的哪座城市？（西安）

3. 我国历史上的"康乾盛世"出现在哪个朝代？（清朝）

4. 明朝开国建都南京，后将都城迁往今天哪座城市？（北京）

5. 历史上的"安史之乱"出现在哪个朝代？（唐朝）

6. 元朝是哪个民族创建的朝代？（蒙古族）

7. 清朝是哪个民族创建的朝代？（满族）

8. 中国王朝时期最古老的一种成熟文字是什么文字？（甲骨文）

9. 戏曲《霸王别姬》曲段中的"霸王"是指哪位历史人物？（项羽）

10. 明朝七下西洋的历史人物是谁？（郑和）

11. 中国进入半殖民地半封建社会的标志是哪个事件？（鸦片战争）

12. 日本于哪一年宣布无条件投降，至此八年抗战胜利？（1945 年）

**地理题：**

1. 我们通常说的"扶桑"是指哪个国家？（日本）

2. 世界上第一家七星级酒店"帆船酒店"位于哪个国家/城市？（阿联酋迪拜）

3. 被称为"天府之国"的是我国的哪个地方？（四川）

4. 博鳌亚洲论坛的博鳌位于我国哪个省？（海南）

5. 山东、山西的"山"指的是哪座山？（太行山）

6. 被称为"风车之国"的是哪个国家？（荷兰）

7. 朝鲜的首都是哪座城市？（平壤）

8. 我们通常所说的"四大洋"除了印度洋、北冰洋、太平洋，还有哪一个？

（大西洋）

9. 被称为"泉城"的是我国的哪座城市？（济南）

10. 被称为"海上花园""钢琴之岛"的是我国的哪个景区？（鼓浪屿）

11. "沪"是我国哪个市的简称？（上海）

12. 我们通常所说的"七大洲"除了亚洲、欧洲、大洋洲、南极洲、南美洲，还有哪两个？（非洲、北美洲）

**常识题：**

1. 普京是哪个国家的领导人？（俄罗斯）

2. 一副扑克牌总共有多少张？（54）

3. 被称为"Magic City"，意为魔都的是我国的哪座城市？（上海）

4. 我国的茅台酒出产于哪个省份？（贵州）

5. 如果一张 100 元的人民币破损一半，到银行可以兑换多少钱？（50 元）

6. 我们通常把"首席执行官"简称为哪三个英文字母？（CEO）

7. 在新浪微博中，发表普通微博的字数不能超过多少字？（140）

8. "黄鼠狼给鸡拜年"的下一句是什么？（没安好心）

9. 变脸是我国哪种戏剧的绝活？（川剧）

10. 鱼翅是哪种动物的鳍制成的？（鲨鱼）

11. 英文字母 B 在汉语拼音中读什么？（bo）

12. 西游记中，孙悟空一个跟头可以翻多远？（十万八千里）

**体育题：**

1. 素有"银狐"之称的意大利足球教练里皮，现执教于我国哪支球队？（广州恒大）

2. 今年①的世界杯足球赛是在哪个国家进行的？（巴西）

3. 我国曾获得过两次大满贯奖杯的网球运动员是谁？（李娜）

4. 我国篮球运动员姚明曾效力于哪支 NBA 球队？（休斯顿火箭队）

---

① 此处的"今年"是指测试时间 2014 年。

5. 南京今年 ① 举办的青年奥林匹克运动会是第几届青奥会？（第二届）

6. 舒马赫是哪项比赛的运动员？（F1/赛车）

7. 中国男子篮球职业联赛通常被简称为哪三个英文字母？（CBA）

8. 林丹是哪个项目的著名运动员？（羽毛球）

9. 被称为"铁榔头"的我国前女排队员是谁？（郎平）

10. 中国队唯——次获得世界杯足球赛决赛圈参赛资格的是哪一年的世界杯？（2002）

11. 素有"足球王国"之称的是哪个国家？（巴西）

12. 北京于哪一年举办了奥运会？（2008）

**娱乐题：**

1. 素有"亚洲舞王"之称的艺人是谁？（罗志祥）

2. 007 系列电影中，男主角叫什么？（詹姆斯·邦德）

3. 凭借一首《双截棍》走红的男歌手是谁？（周杰伦）

4. 热播的韩剧《来自星星的你》的男主角由哪位明星出演？（金秀贤）

5. 自称"非著名相声演员"的相声演员是谁？（郭德纲）

6. 国内组合"筷子兄弟"最近红遍网络的一首被称为神曲的歌是什么？（小苹果）

7. 电影《泰坦尼克号》的主题曲叫什么？（我心依旧）

8. 著名导演李安凭借哪部电影获得 2013 年奥斯卡最佳导演奖？（少年派的奇幻漂流）

9. 由英国作家罗琳创作并被改编为电影的魔幻文学系列小说是什么？（哈利·波特）

10. 球星贝克汉姆的妻子维多利亚是英国哪个组合的成员？（辣妹组合）

11. 作家郭敬明将自己的哪部作品搬上了电影屏幕？（小时代）

12. 1986 版《西游记》中扮演孙悟空的演员是谁？（六小龄童）

---

① 此处的"今年"是指测试时间 2014 年。

## 附录5：研究二中博弈选择卡片

实验 a 的卡片（第一轮博弈用）

| A | B |
|---|---|
| □ 只要我的<br>□ 全部都要 | □ 只要我的<br>□ 全部都要 |

实验 a 的卡片（评价用）

| 宽恕知觉评价 | 对手熟悉度评价 |
|---|---|
| 由于在上一轮游戏中，你选择了"全部都要"，这实际上给你的对手造成了经济上的损失，如果用 0~10 这 11 个数字表示对方对你的宽恕程度，数字越大，表示他们宽恕你的程度也越大，例如 0 表示"完全没有宽恕"，10 表示"完全宽恕"，你觉得哪两个数字比较合适？<br><br>请将您觉得合适的数字圈出即可。<br>A: 0  1  2  3  4  5  6  7  8  9  10<br>B: 0  1  2  3  4  5  6  7  8  9  10 | 如果用 0~10 这 11 个数字表示你对第二和第三名的熟悉程度，数字越大，表示你对他们的熟悉程度越高，例如 0 表示"完全不认识"，10 表示"非常熟悉"，你觉得哪两个数字比较合适？<br><br>请将您觉得合适的数字圈出即可。<br>A: 0  1  2  3  4  5  6  7  8  9  10<br>B: 0  1  2  3  4  5  6  7  8  9  10 |

实验 a 的卡片（第二轮博弈用）

| A | B |
|---|---|
| −5  −4  −3  −2  −1<br>0<br>1  2  3  4  5 | −5  −4  −3  −2  −1<br>0<br>1  2  3  4  5 |

实验 b 的卡片（第一轮博弈用）

| A | B |
|---|---|
| □ 只要我的<br>□ 全部都要 | □ 只要我的<br>□ 全部都要 |

实验 b 的卡片（评价用，仅用于"有报复可能性组"，"无报复可能性组"只需进行宽恕知觉评价）

| 宽恕知觉评价 | 报复可能性评价 |
|---|---|
| 由于在上一轮游戏中，你选择了"全部都要"，这实际上给你的对手造成了经济上的损失，如果用0~10这11个数字表示对方对你的宽恕程度，数字越大，表示他们宽恕你的程度也越大，例如0表示"完全没有宽恕"，10表示"完全宽恕"，你觉得哪两个数字比较合适？ | 由于增加了两轮游戏，且在游戏中你们三人的权利发生了变化，也就是说，你在第一和第二轮中享有的特权，将在新增的两轮游戏中归另外两位参与者所有。很显然，他们在新增的两轮游戏中占有了优势，如果你在前两轮游戏中造成了他们经济上的损失，你觉得他们会在后两轮的游戏中利用他们的特权报复你吗？如果用0~10这11个数字表示对方对你报复的可能性，数字越大，表示他们报复你的可能性也越大，例如0表示"完全没有可能"，10表示"完全有可能"，你觉得哪两个数字比较合适？ |
| 请将您觉得合适的数字圈出即可。<br>A: 0  1  2  3  4  5  6  7  8  9  10<br>B: 0  1  2  3  4  5  6  7  8  9  10 | 请将您觉得合适的数字圈出即可。<br>A: 0  1  2  3  4  5  6  7  8  9  10<br>B: 0  1  2  3  4  5  6  7  8  9  10 |

实验 b 的卡片（第二轮博弈用）

| A | B |
|---|---|
| −5  −4  −3  −2  −1<br>0<br>1  2  3  4  5 | −5  −4  −3  −2  −1<br>0<br>1  2  3  4  5 |

实验 c 的卡片（第一轮博弈用）

| A | B |
|---|---|
| □ 只要我的<br>□ 全部都要 | □ 只要我的<br>□ 全部都要 |

实验 c 的卡片（评价用）

| 宽恕知觉评价 | 伤害的主观意图评价 |
|---|---|
| 由于在上一轮游戏中，你选择了"全部都要"，这实际上给你的对手造成了经济上的损失，如果用0~10这11个数字表示对方对你的宽恕程度，数字越大，表示他们宽恕你的程度也越大，例如0表示"完全没有宽恕"，10表示"完全宽恕"，你觉得哪两个数字比较合适？<br>请将您觉得合适的数字圈出即可。 | 如果用0~10这11个数字表示你做出该选择的主观意图程度，数字越大，表示你做出该选择的主观意图越明显，例如0表示"完全被迫选择"，10表示"完全出于本意"，你觉得哪两个数字比较合适？<br><br>请将您觉得合适的数字圈出即可。 |
| A: 0  1  2  3  4  5  6  7  8  9  10<br>B: 0  1  2  3  4  5  6  7  8  9  10 | A: 0  1  2  3  4  5  6  7  8  9  10<br>B: 0  1  2  3  4  5  6  7  8  9  10 |

实验 c 的卡片（第二轮博弈用）

| A | | | | | B | | | | |
|---|---|---|---|---|---|---|---|---|---|
| −5 | −4 | −3 | −2 | −1 | −5 | −4 | −3 | −2 | −1 |
| | | 0 | | | | | 0 | | |
| 1 | 2 | 3 | 4 | 5 | 1 | 2 | 3 | 4 | 5 |

## 附录 6：50 道题版本的大五人格问卷
### （50-Item Set of IPIP Big-Five Factor Markers）

下面是一些自我评价的表述，请结合你自身的情况，根据这些看法和评价与你相符合的程度在相应的方框中画"√"。

| | | 非常<br>不符合 | 不太<br>符合 | 不确定 | 比较<br>符合 | 非常<br>符合 |
|---|---|---|---|---|---|---|
| 1 | 我善于在聚会中活跃气氛 | 1 | 2 | 3 | 4 | 5 |
| 2 | 我感觉不到他人对我的关心 | 1 | 2 | 3 | 4 | 5 |
| 3 | 对于生活中的事情，我总是有所准备 | 1 | 2 | 3 | 4 | 5 |
| 4 | 我经常感到压力较大 | 1 | 2 | 3 | 4 | 5 |
| 5 | 我有丰富的词汇量 | 1 | 2 | 3 | 4 | 5 |
| 6 | 我是一个沉默寡言的人 | 1 | 2 | 3 | 4 | 5 |
| 7 | 我是一个对人感兴趣的人 | 1 | 2 | 3 | 4 | 5 |
| 8 | 我总是把自己的东西乱丢乱放 | 1 | 2 | 3 | 4 | 5 |
| 9 | 我在大部分时间里都感到轻松 | 1 | 2 | 3 | 4 | 5 |
| 10 | 我很难理解一些抽象的概念 | 1 | 2 | 3 | 4 | 5 |
| 11 | 在与别人相处时，我感到很自然 | 1 | 2 | 3 | 4 | 5 |
| 12 | 我容易冒犯别人 | 1 | 2 | 3 | 4 | 5 |
| 13 | 我总是关注细节 | 1 | 2 | 3 | 4 | 5 |
| 14 | 我总是担心很多事情 | 1 | 2 | 3 | 4 | 5 |
| 15 | 我是一个想象力丰富的人 | 1 | 2 | 3 | 4 | 5 |
| 16 | 我不喜欢引人注目 | 1 | 2 | 3 | 4 | 5 |
| 17 | 我能理解他人的感受 | 1 | 2 | 3 | 4 | 5 |
| 18 | 我总是把事情搞得一团糟 | 1 | 2 | 3 | 4 | 5 |
| 19 | 我很少感到抑郁 | 1 | 2 | 3 | 4 | 5 |
| 20 | 我对抽象的观点不感兴趣 | 1 | 2 | 3 | 4 | 5 |
| 21 | 我能够主动与他人交谈 | 1 | 2 | 3 | 4 | 5 |
| 22 | 我不关心他人 | 1 | 2 | 3 | 4 | 5 |
| 23 | 当有任务时，我能及时完成，不拖沓 | 1 | 2 | 3 | 4 | 5 |
| 24 | 我很容易心烦 | 1 | 2 | 3 | 4 | 5 |
| 25 | 我总是有好点子 | 1 | 2 | 3 | 4 | 5 |
| 26 | 我是一个不健谈的人 | 1 | 2 | 3 | 4 | 5 |
| 27 | 我是一个心软的人 | 1 | 2 | 3 | 4 | 5 |

**续表**

| | | 非常<br>不符合 | 不太<br>符合 | 不确定 | 比较<br>符合 | 非常<br>符合 |
|---|---|---|---|---|---|---|
| 28 | 使用完东西后，我总是忘记放回原处 | 1 | 2 | 3 | 4 | 5 |
| 29 | 我是一个容易情绪低落的人 | 1 | 2 | 3 | 4 | 5 |
| 30 | 我的想象力不够丰富 | 1 | 2 | 3 | 4 | 5 |
| 31 | 在公共场合，我可以和不同人的聊天 | 1 | 2 | 3 | 4 | 5 |
| 32 | 我对他人不感兴趣 | 1 | 2 | 3 | 4 | 5 |
| 33 | 我是一个有条理的人 | 1 | 2 | 3 | 4 | 5 |
| 34 | 我的情绪不够稳定 | 1 | 2 | 3 | 4 | 5 |
| 35 | 我的理解能力很强 | 1 | 2 | 3 | 4 | 5 |
| 36 | 我不喜欢被别人注意 | 1 | 2 | 3 | 4 | 5 |
| 37 | 我愿意抽出时间去帮助他人 | 1 | 2 | 3 | 4 | 5 |
| 38 | 我是一个容易逃避责任的人 | 1 | 2 | 3 | 4 | 5 |
| 39 | 我很少被惹怒 | 1 | 2 | 3 | 4 | 5 |
| 40 | 我可以使用复杂生涩的词语 | 1 | 2 | 3 | 4 | 5 |
| 41 | 我不介意成为众人的焦点 | 1 | 2 | 3 | 4 | 5 |
| 42 | 我能感受到他人的情感 | 1 | 2 | 3 | 4 | 5 |
| 43 | 我是一个按计划做事的人 | 1 | 2 | 3 | 4 | 5 |
| 44 | 我是一个容易发怒的人 | 1 | 2 | 3 | 4 | 5 |
| 45 | 我会花时间去反思一些事情 | 1 | 2 | 3 | 4 | 5 |
| 46 | 我不爱和陌生人说话 | 1 | 2 | 3 | 4 | 5 |
| 47 | 别人在与我相处时觉得很轻松 | 1 | 2 | 3 | 4 | 5 |
| 48 | 我对学习或工作要求准确无误 | 1 | 2 | 3 | 4 | 5 |
| 49 | 我总是感到情绪低落 | 1 | 2 | 3 | 4 | 5 |
| 50 | 我的主意很多 | 1 | 2 | 3 | 4 | 5 |

# 附录 7：感恩问卷
## （The Gratitude Questionnaire 6，GQ-6）

请用 1-7 七个数字来表示你对下面一些表述的同意程度，其中：

1 = 强烈不同意

2 = 不同意

3 = 有点不同意

4 = 中性

5 = 有点同意

6 = 同意

7 = 强烈同意


1. 在我的生活中有太多值得去感恩的人和事；

2. 如果要我将需要感恩的人和事列成一个清单，那一定是一个很长的清单；

3. 环顾四周，我觉得没什么是值得我感恩的；

4. 我对身边不同的人都心怀感激；

5. 随着年龄的增长，我发现自己越来越懂得感恩生活中的人和事；

6. 对那些需要感恩的人和事，我总是后知后觉。

## 附录8：研究三中博弈选择卡片

**第一轮博弈用**

| A | B | C |
|---|---|---|
| □ 只要我的<br>□ 全部都要 | □ 只要我的<br>□ 全部都要 | □ 只要我的<br>□ 全部都要 |

**评价用**

| 宽恕知觉评价 |
|---|
| 　　由于在上一轮游戏中，你选择了"全部都要"，这实际上给你的对手造成了经济上的损失，如果用0~10这11个数字表示对方对你的宽恕程度，数字越大，表示他们宽恕你的程度也越大，例如0表示"完全没有宽恕"，10表示"完全宽恕"，你觉得哪三个数字比较合适？<br>　　　　　　　　　请将您觉得合适的数字圈出即可。<br>　　　　　　　A: 0　1　2　3　4　5　6　7　8　9　10<br>　　　　　　　B: 0　1　2　3　4　5　6　7　8　9　10<br>　　　　　　　C: 0　1　2　3　4　5　6　7　8　9　10 |

**第二轮博弈用**

| A | B | C |
|---|---|---|
| −5　−4　−3　−2　−1<br>0<br>1　2　3　4　5 | −5　−4　−3　−2　−1<br>0<br>1　2　3　4　5 | −5　−4　−3　−2　−1<br>0<br>1　2　3　4　5 |

# 附录 9：内疚和羞愧倾向量表
## （Guilt and Shame Proneness Scale，GASP）

Guilt and Shame Proneness Scale （GASP）[①]

*August 1，2011*

*Correspondence concerning* the GASP should be addressed to：

Taya R. Cohen， PhD

Assistant Professor of Organizational Behavior & Theory

Tepper School of Business， Carnegie Mellon University

*Email*：tcohen@cmu.edu

*Office Phone*：（412）268-6677

*Web*：http：//taya.cohen.socialpsychology.org/

The Guilt and Shame Proneness scale （GASP） measures individual differences in the propensity to experience guilt and shame across a range of personal transgressions. The GASP contains four four-item subscales： Guilt-Negative-Behavior-Evaluation （Guilt-NBE）， Guilt-Repair， Shame-Negative-Self-Evaluation （Shame-NSE）， and Shame-Withdraw.

APA holds the copyright for the GASP scale. To determine whether you need to

---

[①] 尽管研究中仅使用了该量表的两个维度，但量表作者对使用其量表有相关规定，如与其取得联系、引用其文章、标注出处等，故此处将原版量表连同相关信息（包括相关文献、作者联系方式等）一并列出。

seek copyright permissions from APA, consult this website: http: //www.apa.org/
about/contact/copyright/index.aspx

You can request copyright permission from APA via this website: http: //www.
apa.org/about/contact/copyright/process.aspx

*If you plan to use the GASP for research purposes, please cite the following
article*:

Cohen, T. R., Wolf, S. T., Panter, A. T., & Insko, C. A. (2011).
Introducing the GASP scale: A new measure of guilt and shame proneness. Journal of
Personality and Social Psychology, 100 (5), 947–966. doi: 10.1037/a0022641

*For further background information regarding the development of the GASP,
see*:

Wolf, S. T., Cohen, T. R., Panter, A. T., & Insko, C. A. (2010).
Shame proneness and guilt proneness: Toward the further understanding of
reactions to public and private transgressions. Self & Identity, 9, 337–362. doi:
10.1080/15298860903106843


*GASP SCORING*: The GASP is scored by summing or averaging the four items
in each subscale.

*Guilt–Negative–Behavior–Evaluation* (*NBE*): 1, 9, 14, 16

*Guilt–Repair*: 2, 5, 11, 15

*Shame–Negative–Self–Evaluation* (*NBE*): 3, 6, 10, 13

*Shame–Withdraw*: 4, 7, 8, 12


*Note*: We recommend that researchers examine the effects of each GASP
subscale individually as opposed to including them all in a multiple regression
analysis. Including all four subscales in the same analysis could result in
multicollinearity problems that obscure statistical tests.

Instructions： In this questionnaire you will read about situations that people are likely to encounter in day-to-day life， followed by common reactions to those situations. As you read each scenario， try to imagine yourself in that situation. Then indicate the likelihood that you would react in the way described.

| 1 | 2 | 3 | 4 | 5 | 6 | 7 |
|---|---|---|---|---|---|---|
| Very Unlikely | Unlikely | Slightly Unlikely | About 50% Likely | Slightly Likely | Likely | Very Likely |

_____1. After realizing you have received too much change at a store， you decide to keep it because the salesclerk doesn't notice. What is the likelihood that you would feel uncomfortable about keeping the money ?

如果你买东西时营业员多找了你钱，你决定将这钱据为己有，不还给营业员，你为此而感到内疚的可能性有多大？ ①

_____2. You are privately informed that you are the only one in your group that did not make the honor society because you skipped too many days of school. What is the likelihood that this would lead you to become more responsible about attending school ?

如果你被单独告知由于你的失误，导致你所在团队的任务没有完成，你会为此而更加努力地为团队工作的可能性有多大？

_____3. You rip an article out of a journal in the library and take it with you. Your teacher discovers what you did and tells the librarian and your entire class. What is the likelihood that this would make you would feel like a bad person ?

_____4. After making a big mistake on an important project at work in which people were depending on you， your boss criticizes you in front of your coworkers. What is the likelihood that you would feign sickness and leave work ?

_____5. You reveal a friend's secret， though your friend never finds

_____
① 带有中文翻译的条目为研究中所使用的项目，下同。

out. What is the likelihood that your failure to keep the secret would lead you to exert extra effort to keep secrets in the future ?

如果你泄露了某位朋友的秘密，你会为此而更加努力地为他保守秘密的可能性有多大？

_____6. You give a bad presentation at work. Afterwards your boss tells your coworkers it was your fault that your company lost the contract. What is the likelihood that you would feel incompetent ?

_____7. A friend tells you that you boast a great deal. What is the likelihood that you would stop spending time with that friend ?

_____8. Your home is very messy and unexpected guests knock on your door and invite themselves in. What is the likelihood that you would avoid the guests until they leave ?

_____9. You secretly commit a felony. What is the likelihood that you would feel remorse about breaking the law ?

如果你违反了法律而又没被人知晓，你会为此而感到内疚的可能性有多大？

_____10. You successfully exaggerate your damages in a lawsuit. Months later, your lies are discovered and you are charged with perjury. What is the likelihood that you would think you are a despicable human being ?

_____11. You strongly defend a point of view in a discussion, and though nobody was aware of it, you realize that you were wrong. What is the likelihood that this would make you think more carefully before you speak ?

假设在某次讨论中，你强烈地反驳了某人的意见，但事后却发现你的想法是错误的，这件事让你以后三思而后行的可能性有多大？

_____12. You take office supplies home for personal use and are caught by your boss. What is the likelihood that this would lead you to quit your job ?

_____13. You make a mistake at work and find out a coworker is blamed for the error. Later，your coworker confronts you about your mistake. What is the likelihood that you would feel like a coward？

_____14. At a coworker's housewarming party，you spill red wine on their new cream-colored carpet. You cover the stain with a chair so that nobody notices your mess. What is the likelihood that you would feel that the way you acted was pathetic？

如果你到朋友家做客，就餐期间将红酒泼洒到朋友的新沙发上，于是你用一块布盖住了被红酒泼洒的地方，所以没人发现是你做的，你为此而感到内疚的可能性有多大？

_____15. While discussing a heated subject with friends，you suddenly realize you are shouting though nobody seems to notice. What is the likelihood that you would try to act more considerately toward your friends？

假设和朋友聊天时，你对他大呼小叫，尽管他没有注意到你的这一行为。这件事让你以后在与人交往时更多考虑他人感受的可能性有多大？

_____16. You lie to people but they never find out about it. What is the likelihood that you would feel terrible about the lies you told？

如果你对他人说谎而没有被发现，你为此而感到内疚的可能性有多大？

## 附录 10：基本共情量表
### ( Basic Empathy Scale，BES )

　　下面的情况可能适合也可能不适合您，请根据您的实际情况，在每个句子后相应的方框里打钩即可：

| | 完全<br>不同意 | 基本<br>不同意 | 不<br>确定 | 基本<br>同意 | 完全<br>同意 |
|---|---|---|---|---|---|
| 1. 朋友的情绪对我影响不大① | | | | | |
| 2. 和情绪忧伤的朋友相处时，我也会觉得忧伤 | | | | | |
| 3. 当朋友取得优异的成绩时，我能体会到他的喜悦 | | | | | |
| 4. 看到恐怖片里的镜头时，我会感到害怕 | | | | | |
| 5. 我很容易受到他人情绪的感染 | | | | | |
| 6. 当朋友受到惊吓时，我很容易觉察到 | | | | | |
| 7. 看到别人哭泣时，我并不会感到难过 ＊ | | | | | |
| 8. 他人的情绪对我不会造成任何干扰 ＊ | | | | | |
| 9. 当朋友情绪低落时，我一般都能觉察到 | | | | | |
| 10. 当朋友受到惊吓时，我一般都能觉察到 | | | | | |
| 11. 看到电视中的悲伤情景时，我也会随之感伤 | | | | | |
| 12. 在别人诉说心情之前，我就能对他们的情绪有所觉察 | | | | | |
| 13. 看到别人被激怒时，我的情绪不会受到影响 ＊ | | | | | |
| 14. 当他人高兴时，我一般都能觉察到 | | | | | |
| 15. 当同伴感到害怕时，我也会觉得害怕 | | | | | |
| 16. 我能很快感受到他人的怒气 | | | | | |
| 17. 我常常会卷入朋友的情绪中 | | | | | |
| 18. 朋友低落的情绪对我没什么影响 ＊ | | | | | |
| 19. 我常常觉察不到朋友的情绪感受 ＊ | | | | | |
| 20. 当朋友高兴时，我很难觉察到 ＊ | | | | | |

---

① 带"＊"标注的为反向计分项目。

# 后　记

　　虽然之前发表过一些论文，但将研究出版成书还是第一次，所以不免还是有些激动的。

　　这本书的内容是在我博士学位论文的基础上修改而成的，然而四年前，我曾险些和读博擦身而过。回想 2012 年的这个时候，当得知自己被南师大录取为博士研究生时，我竟没有一丝兴奋之情，相反却纠结不已，因为当时我正在某省厅级政府机关实习，并确定可以留下工作。周围所有的人都觉得这是一个千载难逢的机会，留在政府机关工作既稳定，收入又有保障，还很体面，所以当时也几乎没有人支持我放弃这个机会到南师大读博。除了周围的人，甚至连我自己都一度动摇了读博的信念，记得有一天晚上我已经写好了放弃读博的邮件，准备发给导师傅宏老师，但内心深处对心理学的热爱让我最终还是没有点下"发送"按钮。而此时家人的支持更是坚定了我继续攻读学位的信心，并最终毅然选择来到了南师大。

　　现在回想起来，当初的选择真是无比正确的，正是这一选择让我有幸成为傅宏老师的学生。现在很多研究生都习惯于称呼导师为"老板"，但无论何时我都愿意称呼傅老师为"老师"，因为老师的一言一行都很好地诠释了"老师"的形象。正如韩愈在《师说》中所言："师者，所以传道授业解惑也。"老师不仅在课业上向我们传授知识、解答疑惑，更在生活中让我们学会做人做事的道理。回忆和老师相处的这三年，真心感谢老师对我的宽严相济：一方面，老师对我是严格的，从入学开始，老师就在学业上对我提出了高要求，也正是老师如此鞭策，才让我在科研上有所发展，并在攻读学位期间发表了一些较高质量的学术论文；另一方面，老师对我又是宽松的，他从不干预我的研究方向，让我尽可能地按照自己的兴趣来进行学术研究，这也让我能够带着充足的兴趣开展学术研究。总之千言万语汇成一句话："谢谢您，老师！"

当然，默默在背后支持我的还有我最亲爱的家人，尤其要感谢爱人孙卉，当我在读博前犹豫彷徨之时，是你的支持让我摆脱困惑、坚定信念；当我在论文写作过程中停滞不前时，是你的鼓励让我冲破困境、一路向前；当我在答辩前夕紧张不已时，是你的安慰让我满怀信心、敢于面对。读博真心不是一件简单容易的事情，如果没有你的支持，恐怕我很难坚持下来。当然，还有我们最最可爱的女儿首首小朋友，虽然在论文写作的过程中你给爸爸制造了不少的麻烦，但你这个"甜蜜的负担"永远是爸爸前进的最强动力。还有我亲爱的爸爸妈妈，读博三年里，你们在经济、精神和生活上给了我巨大的支持，让我能够毫无后顾之忧地完成各项研究、各项任务。如果说爱人和父母能够支持我放弃体面的工作而选择读博已经是难能可贵，另外两人的支持则更让我感动，那就是我的岳父和岳母，谢谢你们能够接受女婿暂时没有稳定的工作和很高的收入，而且每次见到我都给予最温暖的鼓励和支持。谢谢我最亲爱的家人们！爱你们！

记得前两天看了热播电影《北京遇上西雅图2：不二情书》，对里面的一句台词印象深刻："我相信人生总有些相遇是命中注定的。"就如同爱情，也如同——这本书。

张　田

2016 年初夏于金陵